旅館事業概論

二十一世紀兩岸發展新趨勢

Hotel Business Principle:
21 Century Developing Directions

楊上輝◎著

序

　　觀光事業是一綜合性的事業，直接有關的行業包括旅館、餐館、旅行社、導遊業、遊覽車業、手工藝品業等，其中尤以旅館之營運與服務範圍最為廣泛，幾乎包括了食、衣、住、行、育、樂等多項內容。

　　由於國際觀光旅遊之發達，國際連鎖旅館大幅增加並擴展至全世界，絕大部分由歐美先進國家創立之服務業基本管理策略，已成功地轉移且使用到亞洲地區服務業管理上，未來此種管理知識及觀念之傳遞會更快。飯店服務領域十分專業，人力資源對以提供服務為主的觀光事業極為重要，但基層員工卻流動率大。由於人才之訓練與培育非一朝一夕之功，需要做中長期且有計畫之培養，才能增加旅館之無形資產，提升服務品質，適應日益激烈之競爭，以促進觀光事業之發展，因此結合政府、教育機構與民間業者，做有計畫地培育人才，方可共同迎接觀光時代的來臨。

　　我國二〇〇三年國民生產毛額平均約為每人每年一萬四千美元，二〇〇二年開始國人之休閒時間亦增加為每月八天，平均每人全年旅遊次數五次左右，而未來兩岸若得以直航，交通旅程時間縮短，休閒時間延長，家庭式的旅遊所占比例將越來越多。

　　度假型、多功能的觀光區將取代目前傳統式的觀光遊憩據點，兩岸互訪成為觀光的熱潮。國內旅遊發展蓬勃，而台灣地

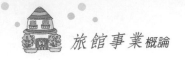

狹人稠，戶外遊憩需求強烈，並且淡、旺季需求懸殊，造成周末假日風景遊憩區人潮洶湧，活動休閒處所及設施嚴重不足的局面。而台灣觀光事業在經濟建設蓬勃發展下，已經面臨轉型期，隨著工業發達，觀光業已不再僅是重要外匯收入來源，我國已和日本一樣，將觀光業發展視為重要國際交流活動，將台灣觀光業提升到另一境界。因此，如何吸引外人來瞭解自己的國家，促進國際交流，才是最重要的意義。我國各政府部門應重新評估並重視觀光業的附加效益。欲逐步邁向國際化，宜從細節著眼，將街道及各地區公共設施加上外文標示，以利觀光客拜訪，並應考慮發展精緻觀光業，積極爭取對價格不敏感的團體，如國際會議及獎勵旅遊等來台。

鄰近國家如韓國、泰國、日本、菲律賓，其獨特的歌舞節目長年推出，吸引無數觀光客。我國亦可重新整理中華文物，將故宮、國劇、民俗舞蹈等排入遊程，有系統地介紹，以善用民俗文化資源推廣觀光，並著手觀光事業人才的培訓，以提升服務品質，加上持續舉辦大型活動，如台北燈會、中華美食展、國際泛舟賽等，應可以吸引觀光客前來。

今後在國際觀光方面所面臨的挑戰，是如何展現我們自然及人文資源的吸引力，設計並提供具有文化特色及國際水準的觀光服務，以創造國際觀光市場上的競爭優勢。觀光事業是一種多功能的活動，是「沒有煙囪的工業」、「沒有教室的教育」、「沒有文字的宣傳」和「沒有形式的外交」。觀光事業的發展是現代化國家整體發展的指標，六年國家建設計畫中，我國將運用三千億美元進行各項國家建設，包括運輸通訊、污染防治、觀光遊憩和文化教育設施，不久的將來會使我國成為隨處皆可觀光的觀光大國。

筆者有機會赴大陸擔任江蘇昆山裕元新天地總經理，本著

在彼岸若要發展酒店事業，必須先有成功的作品，方能立足於斯的精神，從張家界的學生實習開始，在SARS期間與所有同仁不眠不休地務實訓練，使裕元的服務成為昆山酒店業的最佳口碑。筆者目前在蘇州合資成立安太餐旅管理公司（A&T Management Co.），希望建立一個由國人經營的國際連鎖品牌，現已接獲多家業主的經營管理任務，期待因為舞台的擴大，能引進更多人才的交流。

在著書過程中，感謝詹益政教授、李銘輝教授之指正，萬肯公司楊永祥總經理及交通部觀光局葉樹菁小姐等人提供相關資料，本書方得以順利完成。此外，揚智文化公司葉忠賢總經理及總編輯林新倫的促成，也特予申謝。

楊上輝　謹識

目　錄

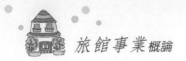

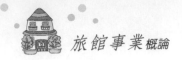

第一章　旅館概論

第一節　觀光旅館的定義

政府爲發展觀光事業，宏揚中華文化，敦睦國際友誼，增進國民身心健康，加速國內經濟繁榮，於一九六九年七月三十日經總統令頒布發展觀光條例，並於一九八〇年十一月二十四日修正公布，對許多觀光專業術語及行政管轄權有具體規定，茲分述如下：

1. 觀光事業定義：指有關觀光資源開發、建設與維護觀光設施之興建、改善及爲觀光旅客旅遊、食宿提供服務與便利之事業（第二條）。
2. 觀光旅館業：指經營觀光旅館、接待觀光旅客住宿及提供服務之事業（第二條）。
3. 觀光旅館業務範圍：
   (1)客房出租。
   (2)附設餐廳、咖啡、酒吧間。
   (3)國際會議廳。
   (4)其他經交通部核准與觀光旅館有關之業務，如夜總會之經營（第十九條）。
4. 觀光主管機構：在中央爲交通部（設觀光局主管全國觀光事務），在地方爲省（市）、縣（市）政府（依需要設觀光課等機構）（第三、四條）。
5. 觀光旅館分級：根據觀光旅館業管理規則第二條規定，各觀光旅館因建築及設備標準之高低，分國際觀光旅館（International Tourist Hotel）——四朵、五朵梅花，及觀

光旅館（Tourist Hotel）──三朵梅花。

6.我國以梅花數量分級，在國外則以星「☆」表示之：

五星☆☆☆☆☆　　Deluxe

四星☆☆☆☆　　　High Comfort

三星☆☆☆　　　　Average Comfort

二星☆☆　　　　　Some Comfort

一星☆　　　　　　Economy

7.在歐洲，有許多五星級旅館的價值在它的歷史性，如某位名人曾下榻之飯店，或年代悠久的關係，因此一座Deluxe的旅館可能走起路來，地板會喀喀作響，不要抱怨，因為你住的旅館可能是「拿破崙」住過的飯店。

第二節　旅館的特性

　　旅館的特性可區分為一般特性、經濟特性兩種：

一、一般特性

　　一般的特性可分為下列四項：

(一)服務性

　　旅館係屬於第三產業──服務業。旅館人員的服務能使客人感到「賓至如歸」。

(二)公共性

　　旅館是生活的服務，食、衣、住、行、育、樂均可包括其

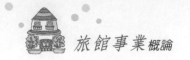
中，是一個最主要的社交、資訊、文化的活動中心。

(三)豪華性

設備宏偉、時尚、舒適、安全的陳設，永遠保持嶄新的設備與用品，更因室內設計氣氛之互異，令人置身其中，有如進入不同時空氣氛之中。

(四)全天候性

二十四小時全天服務，有座豪華大飯店開幕當天，董事長以鑰匙象徵性開啟旅館大門後，將鑰匙丟棄，表示本飯店從今以後，永遠敞開大門歡迎顧客上門，不再關閉。

二、經濟特性

經濟特性可區分為下列各項：

(一)商品無儲存性

顧客稀少時，無法將今天未售的房間，留待明天出售，未賣出的房間成為當天的損失，無法轉下期再賣。

(二)無彈性

客房一旦售出，則空間、面積無法再增加，惟台灣許多小型旅館為能解決此一問題，白天則以休息為業，住宿之顧客常要半夜十一時以後才能進住，使其客房使用回轉率提高許多，惟觀光旅館之立場，不得有此種銷售方式。

(三)立地性

旅館業務之良窳，所在位置地理條件非常重要，但它無法移動，對生意影響很大。惟許多經營良好之旅館，設法在另地闢建分館，一方面分散本館的業務，一方面提高總收益，例如福華長春店、國賓高雄館、知本老爺酒店均為顯例。

(四)投資性

資本密集，固定成本高，人事費用、地價稅、房捐稅、利息、折舊、維護等固定費用占全部開支60％至70％之間，與製造業變動費用之原料支出比重最大，成明顯對比。

(五)季節波動性

旅館所在地區受季節、經濟景氣、國際情勢影響大，淡旺季營業收入差距甚大，許多旅館旺季時，需要超額訂房，但遇淡季時，為了節省變動成本，關閉數個樓層，減少水電及臨時人事費用支出。

(六)客房部毛利高

觀光旅館客房部營業費用低，稅捐單位對觀光旅館核定營業毛利（客房收入減掉營業成本）為85％，而營業淨利（營業毛利減掉營業費用）達35％，利潤率高，惟上述假設係以合理經營狀況下為之，若住房率太低，則因固定成本之拖累，使旅館呈現赤字。

(七)社會地位性

因觀光旅館成為社交集會中心，其投資者之社會聲望較諸

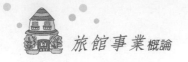

一般行業為高，許多建設公司老闆，紛紛籌建旅館，除提升社會地位之外，其建設公司之房屋也因此易於銷售，名利雙收。

(八)綜合用電

製造業受政府工業政策保護，水電、租稅較輕，旅館號稱「無煙囪工業」，卻必須以綜合用電方式負擔較高費用。

第三節　旅館的造型

最好的旅館應有最好的建築外觀，這是天經地義的事。最好的建築外觀取決於優美的造型。旅館的特殊造型能代表許多意義和功用；獨特的造型能使旅館的宣傳能力加大，使旅館的宣傳廣告費用相對的降低（如圓山大飯店，是旅館界中唯一不必做廣告的旅館）。優美的造型能使顧客廣開視界，能促進業務的發展，如高雄漢來、台北凱悅（君悅）、遠東、晶華、希爾頓（台北凱撒）、來來（喜來登）等超高型的旅館。從前的旅館建造盡量避免有Inside Room的情況發生。至於Inside Room之由來，無非是因旅館之可建造土地太大，致使大樓四周之外的中間部分，無法採光；房間內沒有窗戶，客人住宿其間有如住在防空洞內一般的不自在；但時代越進步，以前無法處理的Inside Room，現在工程師們可用中庭式的建築來克服，甚至誇下豪語：Outside View並不漂亮，因為縱使有很美的自然景觀，也只不過是靜態美而已。工程師們以動態裝飾美感來吸引顧客的好奇，使沈醉在夢幻中，更是強而有力的旅館建築之突破，如來來（喜來登）、晶華酒店和洛杉磯Hotel Hyatt Regency等。旅館的造型因土地的限制、建築的變化和環境的驅使，而有諸多的

變化。如靠路邊長條的I字旅館、有大方塊土地可資建築的回字型旅館、工字型旅館、E字型旅館、S型旅館等，又有靠兩條馬路轉角的角地建造的L字型旅館，再者其他Y字型、T字型、X字型、U字型，均為適應旅館顧客需要的較好的旅館造型（如**圖**1-1、**圖**1-2）。

　　旅館建築多因採光、地形、視界、建蔽率、高度限制、超高建築、地震和地資、旅館的營業項目、客觀因素，使造型有不同的取向。旅館投資者（Hotel Owner）、旅館建造諮詢顧問（Planning Consultant）和建築工程師（Architect）等人是決定旅館造型的主要決策者。好的建築師所畫出來的圖就令人有不同的感覺，這也是他索價高的道理。所以向上求進步的人時時在學習，時時在研究。有些旅館，在建築師設計了很漂亮的結構體後，旅館老闆卻不知該如何為它美化裝潢，結果還是弄得土土的，實為可惜。蓋旅館之至終的目的，是給旅客住的，一切的設計均應給旅客食住的方便和快速親切的服務，如果是沒有經驗的人，很容易將房間的冷氣送風口對正床頭板，因心想旅客怕熱，所以冷氣對他吹，卻沒想到第二天客人全感冒了；又如心想浴室如果不安裝抽風機把臭氣和水蒸氣抽走，房間會沒好空氣，因此裝了大一點的抽風機，卻沒想到把房間的冷暖氣都抽出去了，使房間該冷的不冷，該暖的不暖，浪費了昂貴的電力；又朱紅代表喜氣、黑色代表高貴，一心一意想把飯店裝飾得好看一點，卻沒想到整個顏色火辣辣的，或是死氣沈沈的，到了飯店想吃飯也吃不下去了。色彩能影響食慾，因此術業有專攻，必須請專人來負責。

　　在實務上，旅館造型必須考慮餐飲部與客房部的相對位置，宴會廳及餐廳位置儘量設於低樓層為宜，主要因為餐廳在三餐進食時間大量湧入人潮，低樓層可配合樓梯或電扶梯以疏

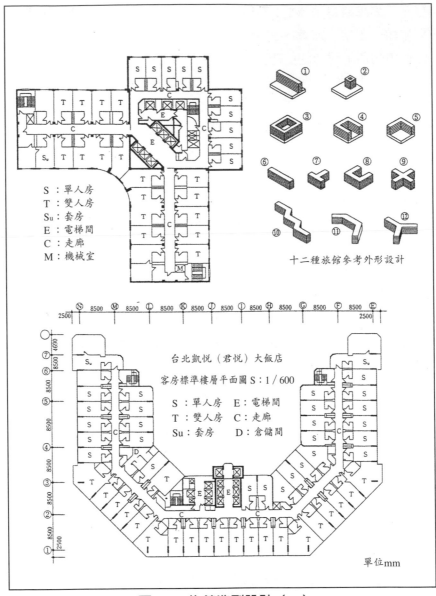

S：單人房
T：雙人房
Su：套房
E：電梯間
C：走廊
M：機械室

十二種旅館參考外形設計

台北凱悅（君悅）大飯店

客房標準樓層平面圖 S：1 / 600

S：單人房　　E：電梯間
T：雙人房　　C：走廊
Su：套房　　　D：倉儲間

單位mm

圖1-1　旅館造型設計（一）

資料來源：上：潘朝達，《旅館管理基本作業》，1979，頁37。
　　　　　下：台北凱悅（君悅）大飯店。

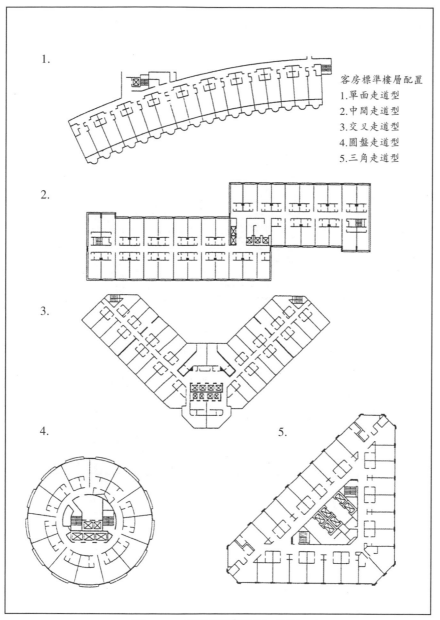

圖1-2　旅館造型設計（二）

資料來源：楊長輝，《旅館經營管理實務》，1996，台北：揚智文化。

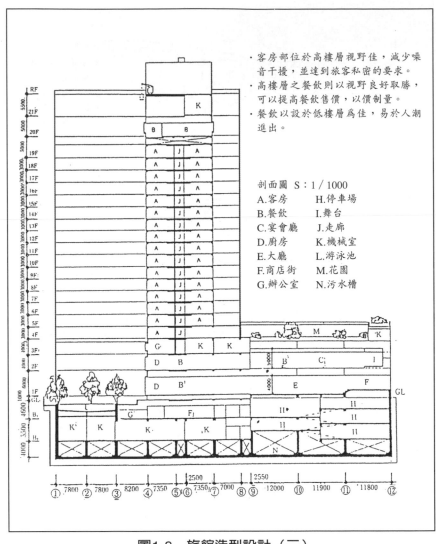

· 客房部位於高樓層視野佳，減少噪音干擾，並達到旅客私密的要求。

· 高樓層之餐飲則以視野良好取勝，可以提高餐飲售價，以價制量。

· 餐飲以設於低樓層為佳，易於人潮進出。

剖面圖 S：1／1000
A.客房　　　H.停車場
B.餐飲　　　I.舞台
C.宴會廳　　J.走廊
D.廚房　　　K.機械室
E.大廳　　　L.游泳池
F.商店街　　M.花園
G.辦公室　　N.污水槽

圖1-3　旅館造型設計（三）

資料來源：楊長輝，《旅館經營管理實務》，1996，台北：揚智文化。

10

解電梯之使用，而客房以視野良好爲考量，則宜設於高樓層，因此，觀光旅館造形在低樓層占地空間大，漸漸往上退縮成爲凸形建築外觀（如**圖**1-3）。

第四節　旅館的分類

為便於區隔不同的市場，將旅館依其經營方式、所在位置之不同，加以區分：

1. 依按其收取房租之方式，可分爲歐洲式旅館及美國式旅館。歐洲式的指其定價僅包括房租，所謂美國式旅館係在其定價中包括房租與餐費。

2. 按其房間數目之多寡，可分爲大、中、小三型：小型即一百五十間以下者；中型即一百五十一間至四百九十九間者；大型旅館爲五百間以上者（惟房間數多的旅館，不一定是好旅館）。

3. 按其旅客之種類，分爲家庭式、商業性等旅館。

4. 以旅客住宿之長短分類，可分爲短期、長期及半長期性等旅館。所謂短期者指住宿一周以下的旅客，除與旅館辦旅客登記外，可不必有簽署租約之行爲；長期者至少需住一個月以上，且必須與旅館簽署詳細條件，至於半長期者即介於上述兩者之間。

5. 按旅館的所在地可分爲都市旅館（City-Hotel）、旅憩旅館（Resort Hotel）、國際觀光旅館（International Tourist Hotel）。

6. 按其特殊的立地條件又分爲公路旅館（Highway Hotel）、

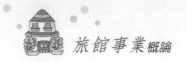

鐵路旅館或機場旅館（Terminal Hotel）、海灘旅館（Sea-port Hotel）。

7.按其特殊目的可分爲商用旅館（Commercial Hotel）、公寓旅館（Apartment Hotel）、療養旅館（Hospital Hotel）。

爲便於比較都市、商務、休閒三種旅館之經營特性，將其列述如**表1-1**。

表1-1　三種基本旅館比較表

旅館分類	都市旅館 City Hotel	商務旅館 Commerical Hotel	休閒旅館 Resort Hotel
本質	注重旅客生命之安全，提供最高的服務	提供商務住客所需合理的最低限度之服務	注重住客的生命安全，提供娛樂方面之滿足
推銷強調點	氣氛、豪華	低廉的房租、服務的合理性	健康活潑的氣氛
商品	客房＋宴會＋餐廳＋集會	客房＋自動販賣機＋出租櫃箱	客房＋娛樂設備＋餐廳
客房餐飲收入比率	4：6	8：2	5：5
旅行社與直接訂房	7：3	4：6	5：5
損益平衡點	55%～60%	45%～70%	45%～50%
外國人與本地人	8：2	2：8	3：7
客房利用率	90%	80%	70%
菜單種類	150～1,000種	30～100種	50～200種
淡季	12月中旬至1月中旬	無變動	12月～2月（冬季）
員工人數與客房比例	1.2：1	0.6：1	1.5：1
資本週轉率	0.6	1.4	0.9
推銷費、管理費	65%	40%～50%	65%
用人費	24.7%～26.4%	15%	27%～29%

資料來源：詹益政，《旅館經營實務》，1994，頁23。

第五節　旅館客房的分類

客房的分類包括典型的客房基本分類、旅館業法規分類及其他分類法，茲分述如下：

一、典型的客房基本分類

典型的客房基本分類有下列六種：

1.單人房不附浴室（Single Room without Bath），縮寫為SW／OB。

2.單人房附淋浴（Single Room with Shower），縮寫為SW／Shower。

3.單人房附浴室（Single Room with Bath），縮寫為SW／B。

4.雙人房不附浴室（Double Room without Bath），縮寫為DW／OB。

5.雙人房附淋浴（Double Room with Shower），縮寫為DW／Shower。

6.雙人房附浴室（Double Room with Bath），縮寫為DW／B。

二、旅館業法規的分類

觀光旅館及設備標準中有詳細的規定，客房以淨面積（不

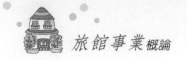

包括浴廁）爲準，可分爲三種：

1. 單人房（簡寫爲S），國際觀光旅館至少十三平方公尺，一般觀光旅館至少十平方公尺。
2. 雙人房（簡寫爲T），國際觀光旅館至少十九平方公尺，一般觀光旅館至少十五平方公尺。
3. 套房（簡寫爲Su），國際觀光旅館至少三十二平方公尺，一般觀光旅館至少二十五平方公尺。

專用浴廁淨面積不得小於3.5平方公尺，客房浴室必須設有浴缸、蓮蓬頭、洗臉盆及坐式沖水馬桶。

三、其他分類法

(一)按床數及床型區分

1. 單人房附沙發（Single Room）：旅館之單人房一般均附雙人大床一張，雙人床長195～200公分，寬140公分（約6.5台尺×4.5台尺）。單人房內如放Queen Size Bed則稱爲高級單人房，英文爲Queen Room；若放King Size Bed則稱爲豪華單人房，英文爲King Room。Queen Size Bed長200公分，寬150公分（約6.5台尺×5台尺）；King Size Bed長200公分，寬180公分（約6.5台尺×6台尺）。
2. 雙人房（Twin Bad Room）：雙人房內附兩張單人床，單人床長195～200公分，寬90～100公分（約6.5台尺×3.5台尺）。
3. 沙發及床兩用房（Studio Room）：除一張床之外，另有

一個兼作床使用之長條形沙發。

4.三人房（Triple Room）：一般為一張雙人大床加一張單
　人床，亦有三張單人床的配備方式。

(二)按房間的方向區分

1.向內的房間（Inside Room）：無窗戶的房間。

2.向外的房間（Outside Room）：客房窗戶面向大馬路、公
　園，可向外瞭望的房間。

(三)按房間與房間的關係位置區分

1.Connecting Room：兩個房間相連接，中間有門互通，適
　合家族旅客住用。

2.Adjoining Room：兩個房間相連接，但中間無門可互通。

(四)按特殊設備區分

1.套房（Suite）：房間除臥室外附有客廳、廚房、酒吧，甚
　至於有會議廳等設備，房內面積大，裝潢氣派，如總統套
　房（Presidential Suite）。

2.雙樓套房（Duplex Suite）：設備與套房相同，但臥室在
　較高一樓。

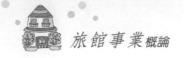

第六節　旅館的組織及部門職掌

一、旅館的組織

　　旅館的組織目前尚無一定的標準，但大致卻差不多，不論旅館各部門如何組織與區分，其所有旅館之基本職掌均大致相同。一般而言，旅館作業可區分為兩大部門，一為「外務部門」（Front of the House）；一為「內務部門」（Back of the House）。

　　1.外務部門的任務為在使客人滿意之前提下，圓滿供應旅客食宿服務。

　　2.內務部門的任務在以有效之行政支援，解除外務部門之煩累，而使其任務易於圓滿達成。

　　如以軍事組織為例，即旅館「外務部門」適如前方作戰之戰鬥部隊，而「內務部門」則如後勤部隊之行政支援，兩者職責不同，但目的則一，應在分工合作、萬眾一心的原則下，適時適切妥為接待旅客，使之感覺賓至如歸。

　　總而言之，不論旅館規模的大小如何，其組織部門概略相似，其重要區分不外「客房」、「房務」、「餐飲」、「人事」、「會計」、「工務」、「銷售」等部門。小型旅館組織簡單，分工較粗，一人可能兼任數職，一個部門可能主管數事。大型旅館則規模愈大，組織愈複雜，分工愈精細，其所需分工合作之程度愈高（如**圖**1-4至**圖**1-8）。

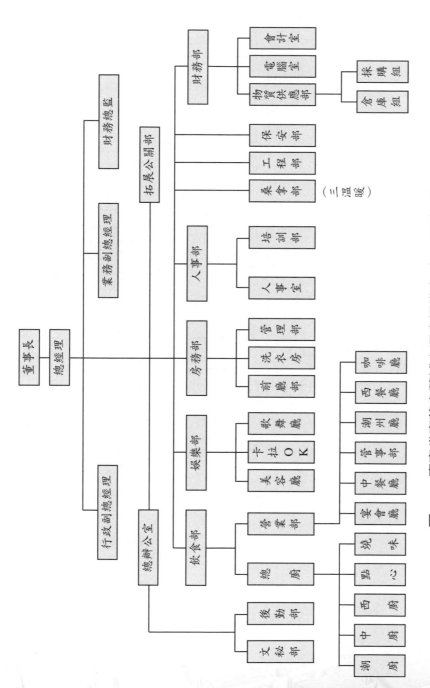

圖1-4 廣東省東莞市蓮城大酒店組織表（150間客房）

資料來源：廣東省東莞市花蓮城大酒店。

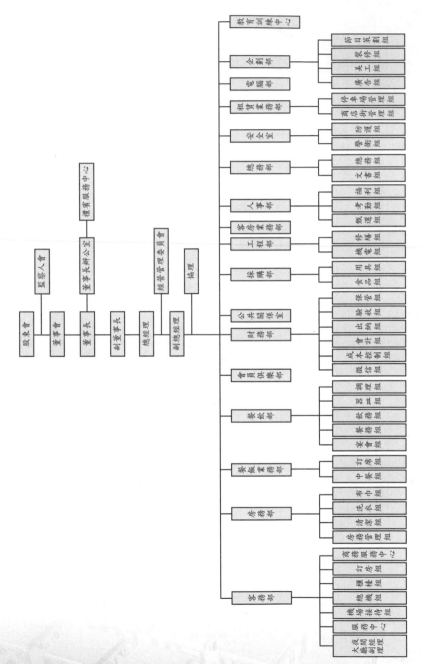

圖 1-5　來來大飯店組織系統表

資料來源：來來大飯店。

註：來來大飯店已於二〇〇三年七月改名為喜來登大飯店。

旅館事業概論

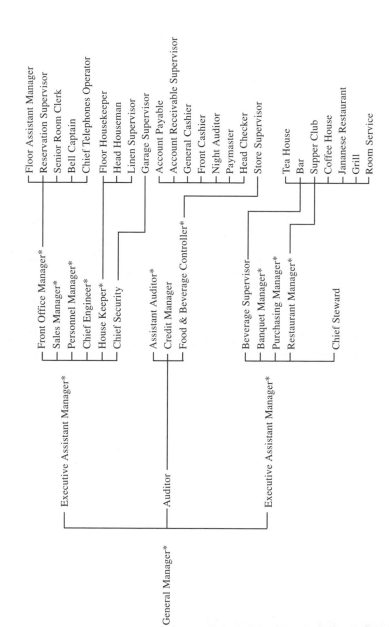

圖1-6 希爾頓大飯店組織系統表

資料來源：詹益政，《旅館經營實務》，1994，頁41。

註：希爾頓大飯店已於二○○二年更名為台北凱撒大飯店。

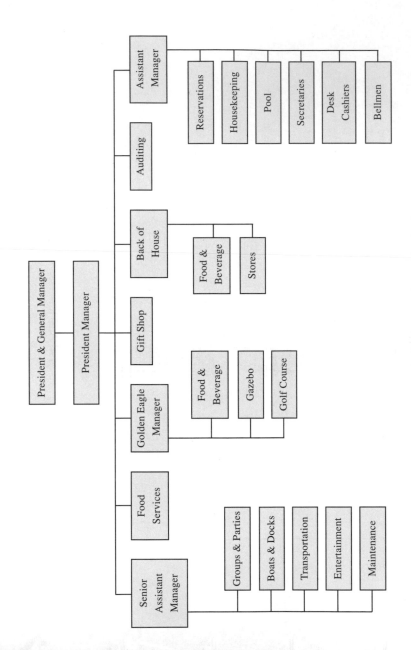

圖1-7 休閒度假旅館客組織表（110間客房）

資料來源：楊長輝，《旅館經營管理實務》，1996，揚智文化，頁20。

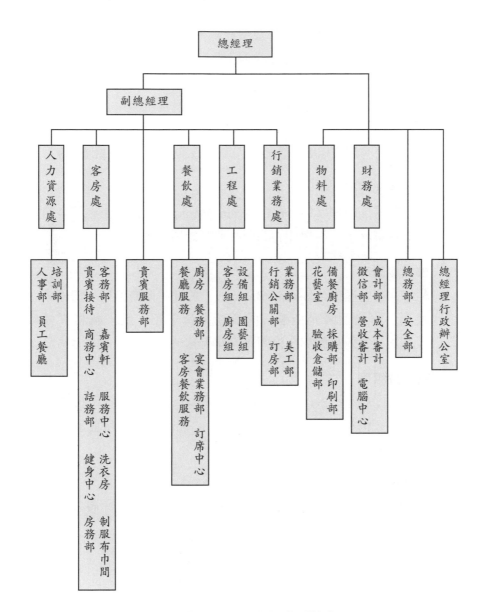

圖1-8 台北凱悅大飯店組織系統表

資料來源：台北凱悅大飯店。

註：台北凱悅大飯店於二○○三年九月二十日正式更名為
台北君悅大飯店。

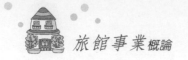

度假休閒旅館除客房及餐飲部門之外，必須具備多項室內及戶外設施，因此其組織系統與都市型旅館有所不同。

二、客房部職員的工作職掌

茲將客房部組織及各相關人員之職掌敘述如下（如圖1-9）：

■客房部經理

客房部經理（Room Division Manager）負責全旅館客房部的一切業務，對客房部的問題必須瞭如指掌。

■大廳副理

大廳副理（Assistant Manager）負責在大廳處理一切顧客之疑難，一般而言是由櫃檯的資深人員升任，此一職務責任重大，也必須對旅館的全盤問題瞭如指掌。

■夜間經理

夜間經理（Night Manager）代表經理處理一切夜間之業務，是夜間經營之最高負責人，必須經驗豐富，反應敏捷，並具判斷能力。

■櫃檯主任

櫃檯主任（Front Office Supervisor）負責處理櫃檯全盤業務，並負責訓練及監督櫃檯人員工作。

■櫃檯副主任

櫃檯副主任（Assistant Front Office Supervisor）是主任公休、告假時的職務代理人。

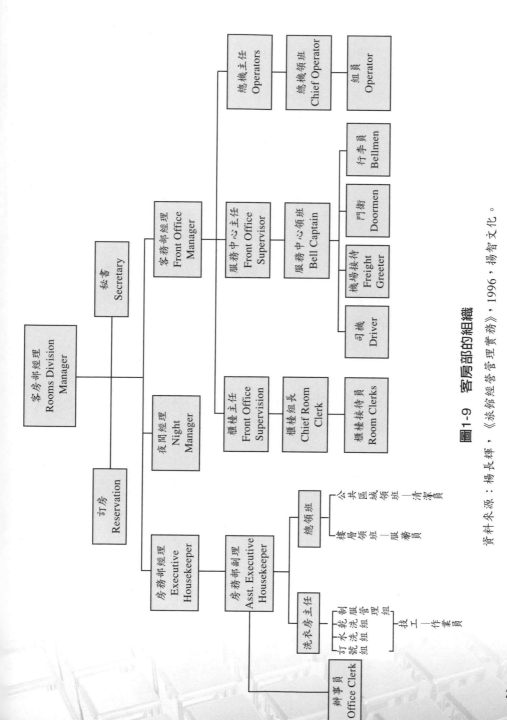

圖1-9　客房部的組織

資料來源：楊長輝，《旅館經營管理實務》，1996，揚智文化。

23

■櫃檯組長

櫃檯組長（Chief Room Clerk）負責率領各櫃檯員，並參與接待服務事項。

■櫃檯接待員

櫃檯接待員（Room Clerk或Receptionist）負責接待旅客的登記及銷售客房，並分配客人房間。

■訂房員

訂房員（Reservation Clerk）負責處理訂房一切事宜。

■櫃檯出納員

櫃檯出納員（Front Cashier）負責向住客收款、兌換外幣等工作，如係簽帳必須呈請信用經理核准。此人員係屬財務部，但位於櫃檯處理業務，特於此提醒。

■夜間接待員

夜間接待員（Night Clerk）下午十一時上班至第二天八時下班，負責製作客房出售日報（House Count）統計資料，此外仍需繼續完成日間櫃檯接待員的作業。

■總機

總機（Telephone Operator）負責國內、外長途電話轉接及音響器材操作保管。

■服務中心主任

服務中心主任（Front Service Supervisor）是大廳服務中心的主管，監督服務中心領班、行李員、門衛及等人員之工作。

■服務中心領班

服務中心領班（Bell Captain）負責指揮、監督並分派行李員的工作。

■行李員

行李員（Bell Man）負責搬運行李並引導住客至房間。

■行李服務員

在大型飯店才有行李服務員（Porter and Package Room Clerks）此一編制，負責團體行李搬運或行李包裝業務，同時與行李員共同分擔店內嚮導、傳達、找人及其他零瑣差使。

■門衛

門衛（Door Man）負責代客泊車、叫車、搬卸行李，以及解答顧客有關觀光路線之疑難。

■司機

司機（Driver）負責機場巴士的駕駛。

■機場接待

機場接待（Freight Greeter）負責代表旅館歡迎旅客的到來與出境的服務。

三、客房部和其他單位的關係

旅館的經營是一天二十四小時、一年三百六十五天不斷地營運。除了有形的設施使顧客感到舒適便利外，最重要的就是服務。旅館的服務工作是整體性的，並非某一部分、某一部門或某一個人做好就可以。

　　例如有三十人的團體住進了旅館，首先，訂房組應把訂房卡在前一天晚上整理交給櫃檯，早班的櫃檯人員要控制好當天有多少空房來安排這個團體，他就需要和房務部人員聯絡房間狀況，然後先做好團體名單（配好房間）。當團體到達時，行李員要負責將行李搬運到大廳，清點數量，結掛行李牌，依名單寫上房號，立即分派到各房間。房間服務員開始為客人服務：茶、水、洗衣、擦鞋、用餐……等。此時櫃檯人員要與導遊或領隊聯絡團體用餐的種類、方式、時間，叫醒時間，下行李時間等事項。至於個人的旅客所需要的服務亦相同。

　　所以客房部與其他單位的關係乃是密不可分的。以下我們就來說明客房部和其他單位的關係。

■餐飲部

　　餐飲部對房客餐飲之服務項目有：

1. 客房餐飲服務。
2. 住客的餐飲簽單。
3. 餐券的使用及用餐時間的協調。
4. 招待飲料券（Complimentary Drink或Welcome Drink）。
5. 蜜月套房（Wedding Room），即提供婚宴新人當晚免費住宿的客房。
6. 餐飲的布巾類取用、汰舊。
7. 協助酒席賓客停放車輛。

■工務部

　　工務部負責客房及公共設施之修護與保養：

1. 客房各項設備、機件的修護與保養。
2. 備品損壞時，能迅速通知與迅速修護。

3.修理時，通知正確時段並避免打擾客人。

■財務部

財務部負責房客帳單的審核及財務報表之製作：

1.製作與核定帳單。
2.收取帳款。
3.核對庫存品。
4.支付薪金。

■採購單位

採購部門負責採購客房所需各項備品：

1.建議採購品之特性、成本。
2.及時供應各項備品並建立供貨的周期。
3.備品瑕疵時，能立即要求供應商做完整的售後服務。

■安全單位

安全單位負責館內人、事、物的防護工作：

1.可疑人、事、物的通報與防止。
2.大宗財物、金錢的保全。
3.意外事件的防止。
4.處理竊盜事件。
5.安全系統之建立。

四、房務管理部的組織

房務管理的主要任務是要經常保持客房的清潔、舒適，使它可以隨時出售。房務管理部的組織中，房務部經理為房務主

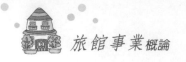

　　管，其下有設有副理、領班、客房男女服務員、清潔員、布巾
管理員……等。

　　有關房務管理部的組織，如圖1-10，茲將其職掌略述於下：

■房務部經理

　　房務部經理（Executive House Keeper）為客房管理最高主
管，負責管理房務備品及人員。而副理則為其助手，幫忙處理
經理交代之職務。

■樓層領班

　　樓層領班（Floor Supervisor或Floor Captain）通常一個人管
理三十間房，負責客房之管理，分配工作給客房服務員，並訓
練新進員工，必須經常注意住客之行動與安全。

■客房女服務員

　　客房女服務員（Room Maid，又稱Chamber Maid）負責客
房之清掃以及補給房客用品。

■房務辦事員

　　房務辦事員（Office Clerk）負責客房內冰箱飲料帳單登錄到
銷售日報表，及保管和處理顧客之遺失物品（Lost & Found）。

■公共區域清潔員

　　公共區域清潔員（Public Area Cleaner）負責清掃公共場
所，如大廳、洗手間、員工餐廳、員工更衣室等場所。

■布巾管理員

　　布巾管理員（Linen Staff）負責管理住客洗衣，員工制服，
客房用床單、床巾、枕頭套、臉巾等布巾及餐廳用桌布巾等。

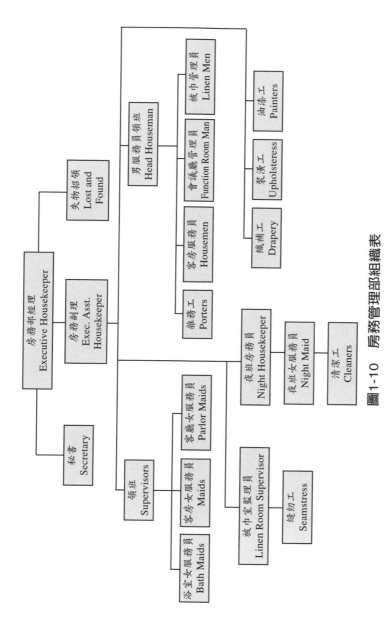

圖1-10 房務管理部組織表

資料來源：詹益政，《現代旅館實務》，1994，作者自行出版。

■縫補員

　縫補員（Seamstress）爲客衣及員工制服作一般簡單修補工作。

■嬰孩監護員

　嬰孩監護員（Baby Sitter）負責看顧住客之小孩（度假旅館的特殊編制）。

五、餐飲部組織系統表

　餐飲部與客房部是旅館主要營業收入來源。餐飲部的工作人員包括餐飲部經理、副理、主任、領班及男女服務員等。中型旅館餐飲部組織系統表請參閱圖1-11。

六、餐飲部工作人員之主要職責與條件

　有關餐飲部工作人員的職掌，茲分述於下：

■餐飲部經理

　1.推展餐飲業務之計畫與決策。

　2.制定工作目標與標準程序。

　3.建立良好的公共關係。

　4.協調有關部門，共同發展業務。

　5.訓練員工。

　6.檢討員工工作表現。

　7.激勵員工工作精神。

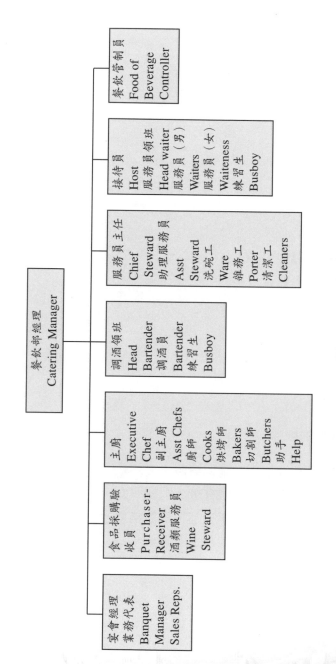

圖1-11　中型旅館館餐飲部組織系統表（美國）

資料來源：楊長輝，《旅館經營管理實務》，1996，揚智文化。

■餐飲部副理、主任

    1.協助經理管理餐廳營運。

    2.督導各部門領班。

    3.解決客人不滿及要求。

    4.督導訂席作業。

    5.服務人員之安排。

■領班的要件

    1.有判斷力。

    2.有組織領導力。

    3.有豐富的專業智識。

    4.負責任。

    5.謙虛。

    6.沈著。

    7.忍耐。

    8.樂觀。

■男女服務員的要件

    1.誠實：不陽奉陰違、虛偽造假。

    2.機警：頭腦靈活、反應靈敏，眼觀四面、耳聽八方。

    3.勤儉：做事認真，力求上進，生活樸實。

    4.技能：熟練技能，隨時增進新智識。

第七節 我國國際觀光旅館發展沿革

一、發展概況

　　我國觀光事業從一九五六年開始發展，觀光旅館業也是在這一年開始興起。當時台灣省觀光事業委員會、省（市）衛生處、警察局共同訂定，客房數在二十間以上就可稱為「觀光旅館」。在一九五六年政府開始積極推展觀光事務之前，台灣可接待外賓的旅館只有圓山、中國之友社、自由之家及台灣鐵路飯店四家，客房一共只有一百五十四間。

　　一九六八年七月政府訂定「台灣地區觀光旅館輔導管理辦法」，將原來觀光旅館的房間數提高為四十間，並規定國際觀光旅館的房間要在八十間以上。

　　一九六四年統一大飯店、國賓大飯店、中泰賓館相繼開幕，台灣出現了大型旅館。到了一九七三年台北市希爾頓大飯店開幕，更使我國觀光旅館業進入國際性連鎖經營的時代。

　　一九七四年至一九七六年間，由於能源危機，以及政府頒布禁建令，大幅提高稅率、電費，這三年間沒有增加新的觀光旅館，造成一九七七年嚴重的「旅館荒」，同時也出現許多「地下旅館」，以及各種社會問題。

　　一九七六年旅館局鑑於觀光旅館接待國際觀光旅客之地位日趨重要，透過交通部與內政、經濟兩部協調，在原商業團體分業標準內另成立「觀光旅館商業」之行業，同時為加強觀光旅館業之輔導與管理，經協調有關機關研訂「觀光旅館業管理

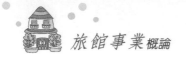

規則草案」，於一九七七年七月二日由交通、內政兩部會銜發布施行，明訂觀光旅館建築設備及標準，同時將觀光旅館業劃出特定營業之管理範圍。

　　一九七七年我政府鑑於觀光旅館嚴重不足，特別訂頒「興建國際觀光旅館申請貸款要點」，除了貸款新台幣二十八億元外，並有條件准許在住宅區內興建國際觀光旅館，在這些辦法鼓勵下，台北市兄弟、來來、亞都、美麗華、環亞、福華、老爺等國際觀光旅館如雨後春筍般興起。從一九七八年至一九八一年，台灣地區客房的成長率超過旅客的成長率，而以一九七八年成長48.8％為最高峰，一九八一的成長率為23.5％。

　　一九八三年，交通部觀光局及省（市）觀光主管機關為激發觀光旅館業之榮譽感，提升其經營管理水準，使觀光客容易選擇自己喜愛等級之觀光旅館，自一九八三年起對觀光旅館實施等級區分評鑑，評鑑標準分為二、三、四、五朵梅花等級，評鑑項目包括建築、設備、經營、管理及服務品質，促使業者對觀光旅館之硬體與軟體均予重視。此舉對督促觀光旅館更新設備、提升服務品質著有成效。

　　台北市觀光旅館的國際化可從一九七三年國際希爾頓集團在台北設立希爾頓飯店開始，目前在台的國際連鎖系統已有：喜來登（Sheraton）（原名來來）大飯店於一九八二年與喜來登集團簽訂世界性連鎖業務及技術合作契約；日航（Nikko）、老爺酒店於一九八四年成立；台北君悅（Hyatt）（原名凱悅）與麗晶（Regent）（一九九三年初更名為晶華酒店）於一九九一年成立；台北亞都大飯店於一九八三年成為「世界傑出旅館」（Leading Hotels of the World）訂房系統的一員；一九九二年開幕的台北西華大飯店也成為Preferred Hotels訂房系統的一員。這些訂房系統旗下所擁有的旅館在世界均有很高的知名度，尤其

「世界傑出旅館」更是舉世聞名。另外，六福皇宮大飯店亦於一
九九九年成為威斯丁連鎖旅館（Westin Hotels and Resorts）之一
員。華國大飯店於一九九六年與洲際大飯店（Inter-Continental）
簽訂顧問契約，正式成為洲際管理系統之一員；寰鼎大溪別館
及一九九九年營運之六福皇宮亦加入威斯丁連鎖旅館系統；華
泰飯店於二○○一年加入王子大飯店（Prince）連鎖系統。這些
國際連鎖的旅館，由於引進歐美旅館的管理技術與人才，因此除
為台灣的旅館經營朝國際化的方向邁進，也造福本地的消費者。

二、規模與分布

(一)規模區分

　　台灣地區的國際觀光旅館至二○○一年十二月為止，共計
六十家，以其客房數的多寡區分，可分為八種規模，分述如
下：

■規模一
　　客房數七百間以上者，包括君悅（凱悅）、喜來登（來來）
及環亞等三家，客房數共計2,314間，占國際觀光旅館客房總數
的12.54％。

■規模二
　　客房數六○一間至七百間者，僅有福華一家，客房數共計
606間，所占比率為3.28％。

■規模三
　　客房數五○一間至六百間者，共有台北圓山、台北晶華酒店

及高雄晶華等三家，客房數共有1,691間，所占比率爲9.16％。

■**規模四**

客房數四○一間至五百間者，包括遠東國際、台北國賓、高雄漢來、高雄國賓、全國及墾丁福華等六家，客房數共計2,556間，所占比率爲13.85％。

■**規模五**

客房數三○一間至四百間者，包括台北凱撒（希爾頓）、中泰、華國、亞太、三德、富都、華王、霖園、長榮桂冠酒店、美侖、西華及桃園假日飯店等十二家，客房數共計4,027間，所占比率爲21.82％。

■**規模六**

客房數二○一間至三百間者，包括華泰、豪景、康華、兄弟、亞都麗緻、國聯、台北老爺、力霸皇冠、六福皇宮、華園、皇統、高雄福華、通豪、台中晶華、統帥、中信花蓮、凱撒、南華、溪頭米堤、天祥晶華、寰鼎大溪別館、新竹國賓、曾文度假大酒店、娜路灣大酒店及大億麗緻酒店等二十五家，客房數共計有5,908間，其所占比率爲32.02％。

■**規模七**

客房數一○一間至兩百間者，包括新竹老爺、敬華、台中福華、花蓮亞士都、中信日月潭、台南大飯店、高雄圓山及知本老爺等六家，客房數共計1,204間，所占比率爲6.53％。

■**規模八**

客房數一百間以下者，共有國王及陽明山中國麗緻等兩家，客房數共計147間，所占比率爲0.80％。

(二)分布狀況

若以地區分布而言，可分爲七個地區，即台北地區、高雄地區、台中地區、花蓮地區、風景地區、桃竹苗地區及其他地區，分述如下：

■台北地區

包括台北圓山、國賓、中泰賓館、華國、華王、國王、豪景、台北凱撒（希爾頓）、康華、亞太、兄弟、三德、亞都、國聯、喜來登、富都、環亞、台北老爺、福華、力霸、君悅（凱悅）、晶華、西華、遠東國際及六福皇宮等二十五家，客房數共計9,343間，占國際觀光旅館客房數總數50.63％

■高雄地區

包括華王、華園、皇統、國賓、霖園、漢來、高雄福華及高雄晶華等八家，客房數共計2,832間，所占比率爲15.35％。

■台中地區

包括敬華、全國、通豪、長榮桂冠、台中福華及台中晶華六家，客房數共計1,468間，所占比率爲5.53％。

■花蓮地區

包括亞士都、統帥、中信及美侖等四家，客房數共計1,021間，所占比率爲5.53％。

■風景區

包括陽明山中國麗緻、中信日月潭、高雄圓山、溪頭米堤、知本老爺、凱撒、天祥晶華、墾丁福華、曾文度假酒店等九家，客房數共計1,782間，所占比率爲9.66％。

■桃竹苗地區

　　包括桃園假日、南華、寰鼎大溪別館、新竹老爺及新竹國賓等五家,客房數共計1,327間,所占比率為7.19％。

■其他地區

　　包括台南、娜路彎大酒店及大億麗緻酒店等三家,客房數共計680間,所占比率為3.68％。

三、客房數成長分析

　　觀光旅館客房數的多寡,除代表旅館業本身之興衰外,更是反映觀光事業的成長、衰退之重要指標。**表**1-2列出歷年來國際觀光旅館與一般觀光旅館客房數的變化情形。其中國際觀光旅館,自一九六五年的880間增加至二〇〇一年的17,815間,成長約十九倍;一般觀光旅館自一九六五年的1,834間增至二〇〇一年的2,974間,成長約一倍。一般觀光旅館之成長率略遜於國際觀光旅館,乃顯示觀光客對於高水準之國際觀光旅館需求較高所致。另由**圖**1-12所示,台灣區觀光旅館(含國際與一般)之客房總數於近年來略呈負成長。這主要係因世界經濟景氣低迷,加以國內大多數觀光旅館均已開業多年,必須更新設備,但投資者過去未能每年提列旅館更新準備金,以致當市場強迫其整修裝潢、更新設備時無法及時做必要之因應;或因投資股東之更易及土地價值之變動,使風光一時的旅館,漸漸走入歷史,如台北市德惠街的統一大飯店、高雄市京王大飯店。另台北市三普大飯店原由三普建設投資興建,後陸續更名為龍普、亞太及神旺;來來大飯店改名台北喜來登飯店,均為顯例。

表1-2　歷年觀光旅館家數、客房數成長分析表　　單位：間

年度	國際觀光旅館			一般觀光旅館			合計		
	家數	客房數	成長率	家數	客房數	成長率	家數	客房數	成長率
1965年	NA	800	—	NA	1,834	—	NA	2,714	—
1966年	NA	1,069	21.5	NA	2,044	11.5	NA	3,113	14.7
1967年	NA	1,069	0	NA	2,155	5.4	NA	3,224	3.6
1968年	NA	1,569	46.7	NA	3,661	69.9	NA	5,230	62.2
1969年	NA	1,445	-7.9	NA	4,241	15.8	NA	5,686	8.7
1970年	14	2,163	49.7	72	4,701	10.8	86	6,864	20.7
1971年	15	2,542	17.5	79	6,132	30.4	94	8,674	26.4
1972年	17	3,143	23.6	80	6,713	9.5	97	9,856	13.6
1973年	20	4,613	46.8	81	6,963	3.7	101	11,576	17.5
1974年	20	4,598	-0.3	83	7,013	0.7	102	11,611	0.3
1975年	20	4,439	-3.5	79	6,915	-1.4	99	11,354	-2.2
1976年	21	4,868	9.7	75	6,728	-2.7	96	11,596	2.1
1977年	23	5,174	6.3	83	7,118	5.8	106	12,292	6.0
1978年	30	7,699	48.8	88	7,984	12.2	118	15,683	27.6
1979年	34	9,160	19.0	92	8,887	11.3	126	18,047	15.1
1980年	36	9,673	5.6	97	9,654	8.3	133	19,327	7.1
1981年	42	11,945	23.5	96	9,786	1.4	138	21,731	12.4
1982年	41	12,335	3.3	94	9,535	-2.6	135	21,870	0.6
1983年	44	12,982	5.2	90	9,279	-2.7	134	22,261	1.8
1984年	44	13,503	4.0	85	8,939	-3.7	129	22,442	0.8
1985年	44	13,468	-0.3	79	8,334	-6.8	123	21,802	-2.9
1986年	43	13,268	-1.5	73	7,987	-4.2	116	21,255	-2.5
1987年	43	13,223	-0.3	64	6,999	-12.4	107	20,222	-4.9
1988年	43	13,124	-0.7	56	6,121	-12.5	99	19,245	-4.8
1989年	43	12,965	-1.2	54	5,824	-4.9	97	18,789	-2.4
1990年	46	14,538	12.1	51	5,518	-5.3	97	20,056	6.7
1991年	46	14,538	0	48	5,248	-4.9	94	19,786	-1.3
1992年	47	15,018	3.3	42	4,706	-10.3	89	19,724	-0.3
1993年	50	15,953	6.2	30	3,614	-23.2	80	19,567	-0.8
1994年	51	16,391	2.7	27	3,135	-13.3	78	19,526	-0.2
1995年	53	16,714	2.0	27	3,131	-0.1	80	19,845	1.6
1996年	53	16,964	1.5	24	2,775	-11.4	77	19,739	-0.5
1997年	54	16,845	-0.7	22	2,557	-7.9	76	19,402	-1.7
1998年	53	16,558	-1.7	23	2,653	3.8	76	19,211	-1.0
1999年	56	17,403	5.1	24	2,871	8.2	80	20,274	5.5
2000年	56	17,057	-2.0	24	2,871	0	80	19,928	-1.7
2001年	58	17,815	4.4	25	2,974	3.6	83	20,789	4.3

資料來源：交通部觀光局。

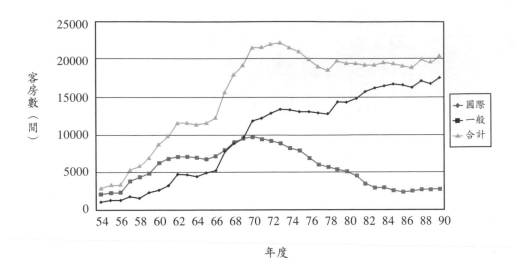

圖1-12　台灣地區觀光旅館客房數成長分析圖

資料來源：交通部觀光局。

第八節　大陸旅館業發展簡史及現況

　　在中國最早的旅館設施可追溯到春秋戰國，數千年來，唐、宋、明、清是旅館業的成長期。在古代，旅館的住宿設施可分官營及民營兩大類。古代官方開辦的住宿設施主要有驛站和迎賓館兩種。「驛站」是中國歷史上最古老的官辦住宿設施，專門接待特使和公差人員。到了元朝，驛站的外觀除了更加宏偉華麗、保有接待公差、特使的特質外，更增加了商旅及達官貴人的使用層面。「迎賓館」則是古代官方款待外國使者、外族代表、商客的館舍。「迎賓館」在歷代亦有「四夷

館」、「四方館」、「會同館」……等各種不同的稱謂，而稱爲「迎賓」則始於清末。

古代民間「旅店」始於三千年前的「周朝」；它的成因與發展和商業貿易活動及交通運輸條件息息相關。「秦漢兩代」是中國民間商務成長的代表；直至「明清」更爲興盛。除了商業用途，封建科舉的制度，帶來更多的商機，使得全國各省城與京城，出現了專門接待各地赴學考試學生的「會館」，成爲當時「旅館業」的先鋒。

歷史造就社會形勢，進而全面性影響服務業，尤其近代中國受列強帝國主義侵略，中國門戶洞開，形成半殖民與封建社會衝突的局面，旅館亦由傳統形式演生出「西式旅館」與「中西式旅館」的新產物。

「西式旅館」是針對十九世紀初列強侵入中國後，由國外出資建造經營的酒店統稱。西式旅館在建築式樣、設施與設備、內部裝潢、服務管理及經營方式、主要消費族群等方面，與中式傳統旅館迥然不同。西式旅館規模宏大華麗、設備新穎先進，管理與經營人員皆來自他國（如：英、法、德……等國），接待對象以「外來人士」居多，包含當時著名的上流人士及達官貴人。

另一方面，西式旅館對於中國近代旅館發展引起相對性的衝擊，促進旅館業的改革，並透過西式專業旅館經營者，傳遞建築風格、設施配置、服務方式、經營理念與方法，而使硬體與軟體達到並行的新領域。

「中西式旅館」是由「西式旅館」的帶動下，由中國民營投資興建的一批「中西合璧」風格的新式旅館。無論建築、設施、服務……等項目，無不受「西式旅館」的影響，同時仿效

旅館與各大銀行、交通等行業聯營的模式。直到一九三〇年代，「中西旅館」發展到達鼎盛時期，在當時的各大城市裏，均可看到這類型的旅館。

「中西式旅館」是歐美旅館業經營理念與方法和當時中國旅館經營生態相融的表現，促成中國近代旅館業的新趨勢，並為中國旅館現代化奠定良好的基石。

一九七八年，中國大陸國際旅遊業剛剛起步。能夠接待國際觀光人士的旅館僅有二百零三間，共計三萬二千間的客房。由於旅館的規模小、數量少，實在難以滿足觀光客迅速增加的需求。同時，這些旅館大都是一九五〇、六〇年代建造的。旅館功能及設備難以達到國際旅遊所要求的水準。一九八〇年代初、中期，透過引進外資，而逐步興建了許多中外合資、中外合作的旅館，且又利用內資陸續興建和改造一些旅館，使大陸的旅館業進入了一個發展的時期。一九八五年，旅館有五百零五間，客房七萬七千間，比一九八〇年增加一倍多的成長。一九八五年，中國大陸提出發展旅遊服務基礎設施，旅館業進入蓬勃發展期，到了一九八九年，旅館數量擴大到近一千五百間，總計二十二萬間客房。一九九二到一九九五年期間，全中國各地改革開放再加上經濟建設的熱潮，旅館的質與量有更進一步的發展。一九九五年，全中國的旅館數量為三千間，客房有四十一萬間，一九八〇年代的旅館則被豪華級、舒適高級的旅館所取代。過去簡單會議型酒店，已發展成為設施齊全的商務旅館、綜合型旅館、療養型旅館等。這十年來大陸旅館的興建速度與規模，世界其他國家望塵莫及。

在旅館管理方面，大陸旅館在十多年中經歷了數度轉型，進入現代化水準的三個階段，初步實現了由落後到比較先進，並且向國際化邁進。

茲將這三個階段分述於下：

　　第一個階段，旅館由事業單位招待型管理轉變成企業經營型管理。一九七八年以前，中國大部分旅館是事業型單位，在財政上實行統收統支、實報實銷的制度，基本上沒有任何風險與利潤，服務上只提供簡單的餐飲與住宿，無法滿足客人的要求。經營上沒有策略，旅館無壓力與活力，因此難以達到國際旅遊業的水準。一九七八到一九八三年，旅遊行政管理部門的重點在於三個方向：(1)旅館業由招待型的管理轉變為企業化管理型；(2)提高旅館業的服務與水準；(3)旅館從業人員素質的提升。歷經多年努力改革，旅館業朝向企業化邁進，旅館經營水準與服務品質有明顯的提高。

　　第二個階段，由經驗型管理走向科學化管理。一九八四年，推廣北京建國飯店科學管理方法，此為大陸旅館業在經營軟體發展中展現的第二步。建國飯店是北京第一家中外合資，聘請外國旅館集團管理的飯店，除符合國際水準，並創造出良好的經濟效益。一九八四年三月，大陸中央和國務院指示，國營飯店應按照北京建國飯店的科學辦法管理。國家旅遊局在大陸分兩批選定一百零二家飯店進行試驗，其主要內容包括四個項目：(1)推行總經理負責制及部門經理逐級負責制；(2)推行各部門自行舉辦職工培訓；(3)推廣嚴格獎懲制度，提高服務品質；(4)發展多種開源節流政策、提高經濟效益的方法。

　　第三個階段，吸取國際的經驗，推行星級評定制度，使大陸旅館業進入國際現代化管理新階段。大陸旅館業實行星級制度，可以促使旅館管理和服務品質符合國際標準。評定星級既是客觀形勢的需要，也是旅館管理步入軌道的重要一環。

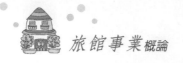
貴族飯店經營成功者──里茲

　　現代飯店起源於歐洲的貴族飯店。歐洲貴族飯店經營管理的成功者是塞薩‧里茲（Cesar Ritz）。英國國王愛德華四世稱讚里茲：「你不僅是國王們的旅館主，你也是旅館主的國王。」

　　賽薩‧里茲一八五〇年二月二十三日出生於瑞士南部一個叫尼德瓦爾德（Niederwald）的小村莊裏。以後曾在當時巴黎最有名的餐廳叫沃爾辛（Voision）做侍者。在那裏，他接待了許多王侯、貴族、富豪和藝人，其中有法國國王和王儲、比利時國王利奧彼得二世、俄國的沙皇和皇后、義大利國王和丹麥王子等，並瞭解他們各自的嗜好、習慣、虛榮心等。以後，里茲作爲一名侍者，巡迴於奧地利、瑞士、法國、德國、英國的幾家餐廳和飯店工作，並嶄露頭角。二十七歲時，里茲被邀請擔任當時瑞士最大、最豪華的盧塞恩國民大旅館（Hotel Grand National）的總經理。

　　里茲的經歷使他立志去創造旨在爲上層社會服務的貴族飯店。他的成功經驗之一是：無需考慮成本、價格，盡可能使顧客滿意。這是因爲他的顧客是貴族，支付能力很高，對價格不在乎，只追求奢侈、豪華、新奇的享受（依現代經營管理理念，似乎不合時宜，但在貴族化生活的立場，的確是成功條件）。

　　爲了滿足貴族的各種需要，他創造了各種活動，並不惜重金。例如，如果飯店周圍沒有公園景色（Park

View），他就創造公園景色。他在盧塞恩國民大旅館當總經理時，為了讓客人從飯店窗口眺望遠處山景，感受到一種特殊的欣賞效果，他在山頂上燃起烽火，並同時點燃了一萬支蠟燭。還有，為了創造一種威尼斯水城的氣氛，里茲在倫敦薩伏依旅館（Savoy Hotel）底層餐廳放滿水，水面上飄蕩著威尼斯鳳尾船，客人可以在二樓邊聆聽船上人唱歌邊品嚐美味佳餚。像這樣的例子不勝枚舉，由此可以看出里茲是一個現代流派無法形容的商業創造天才。

他的成功經驗之二是：引導住宿、飲食、娛樂消費的新潮流，教導整個世界如何享受高品質的生活。

一八九八年六月，里茲建成了一家自己的飯店：里茲旅館，位於巴黎旺多姆廣場十五號院。這一旅館遵循「衛生、高效而優雅」的原則，是當時巴黎最現代化的旅館。這一旅館在世界上第一個實現了「一個房間一個浴室」，比美國商業旅館之王斯塔特勒先生提倡的「一間客房一浴室、一個美元零五十」的布法羅旅館整整早十年。這一旅館另一創新是用燈光創造氣氛。用雪花膏罩把燈光打到有顏色的天花板上，這種反射光使客人感到柔合舒適。餐桌上的燈光淡雅，製造出一種神秘寧靜和不受別人干擾的獨享氣氛。當時，里茲旅館特等套房一夜房價高達兩千五百美元。

塞薩‧里茲的格言之一是：「客人是永遠不會錯的。」（The guest is never wrong.）他十分重視招徠和招待顧客，投客人所好。

多年的餐館、旅館服務工作的經驗，使他養成了一種認人、記人姓名的特殊本領。他與客人相見，交談幾句後

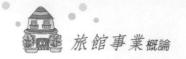

就能掌握客人的愛好。把客人引入座的同時，就知道如何招待他們。這也許正是那些王侯、公子、顯貴、名流們喜歡他的原因。客人到後，有專人陪同進客房，客人在吃早飯時，他把客人昨天穿皺的衣服取出，等客人下午回來吃飯時，客人的衣服已經熨平放好了。

塞薩‧里茲的格言之二是：「好人才是無價之寶。」（A good man is beyond price.）他很重視人才，善於發掘人才和提拔人才。例如，他聘請名廚埃斯科菲那，並始終和他精誠合作。

塞薩‧里茲的成功經驗，對目前我國的國賓館、豪華飯店和高級飯店中的總統套房、豪華套房、行政樓的經營管理仍然具有指導意義。

第二章　觀光旅館建築及設備標準

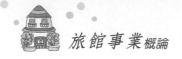
　　申請觀光旅館興建，應根據觀光旅館建築及設備標準內容為依歸，惟這些規定均以最低標準為門檻，投資者應有對未來競爭市場的危機意識，以超過設備標準的觀念為之，房間多不表示旅館規模大，住房率高、平均房價高才是市場的贏家。觀光旅館建築及設備標準可區分為一般觀光旅館及國際觀光旅館，分述如下：

第一節　一般觀光旅館建築及設備標準（二、三朵梅花）

一、地點及環境

　　一般觀光旅館應位於各城市或風景名勝地區，交通便利、環境整潔，並符合有關法令規定之處。

二、設計要點

　　一般觀光旅館的設計要點包括：

1.建築設計、構造除依本標準規定外，並應符合有關建築、衛生及消防法令之規定。
2.依本規則設計之觀光旅館建築物，除風景區外，得在都市土地使用分區有關規定範圍內，與下列用途建築綜合設計，共同使用基地：
　(1)百貨公司。
　(2)超級市場。

(3)商場（旅館業者自營）。

(4)營業用停車場（建築物附設法定停車場以外之停車場）。

(5)銀行等金融機構。

(6)辦公室。

(7)其他經觀光主管機關核准之項目。

與其他用途建築共同使用基地之觀光旅館應單獨設置出入口、直通樓梯、升降梯及緊急出口，不得與其他用途建築物混合使用。

3.應有單人房、雙人房及酌設套房，在直轄市至少一百間，省轄市至少八十間，其他地區至少四十間。

4.客房淨面積（不包括浴廁），每間最低標準為單人房十平方公尺，雙人房十五平方公尺，套房二十五平方公尺，並得將相連之單、雙人房裝設防音雙道門，於必要時改充套房使用。

5.每間客房應有向戶外開設之窗戶，並設專用浴廁，其淨面積不得小於三平方公尺。各客房室內正面寬度應達三公尺以上，並注意格局及動線安排。

6.客房部分之通道淨寬度，單面客房者至少1.2公尺，雙面客房者至少1.6公尺。

7.旅客主要出入口之樓層應設門廳及會客室等，足以接待旅客之用，其合計淨面積不得少於下表之規定：

客房間數	門廳、會客室等淨面積
60間以下	客房間數×1.0m²
61～350間	客房間數×0.7＋18m²
351～600間	客房間數×0.6＋53m²
601間以上	客房間數×0.4＋173m²

    門廳附近應設接待旅客之服務櫃檯、事務室、旅行、郵電等服務處所。

8.應附設餐廳、咖啡廳,並得設夜總會、酒吧間、商店、室內遊樂設施及其他有關之設備。

9.客房八十間以上者,門廳、主要餐廳、公用廁所、台階等處所應設專供殘障人士進出或使用之設備,並應酌設殘障客房。

10.夜總會營業場所之入口處應設置門廳、服務台、衣帽間;營業場所內得附設酒吧。

11.夜總曾如兼供宴會、會議、餐廳等使用者,仍應設廚房,並依本標準設計要點第十二點之規定辦理。

12.廚房之淨面積不得少於下表之規定:

供餐飲場所淨面積	廚房(包括備餐室)淨面積
1,500m²以下	至少為供餐飲場所淨面積之30%
1,501～2,000m²	至少為供餐飲場所淨面積之25%＋75m²
2,001m²以上	至少為供餐飲場所淨面積之20%＋175m²

13.餐廳、咖啡廳等餐飲場所應依有關衛生管理法令之規定辦公，公共用室附近應設男女分開之公用廁所。

14.應設職工餐廳、值夜班之職工宿舍及分設男女職工專用更衣室、浴廁，其衛生設備數量，應依照建築技術規則建築設備編第三十七條之規定設置。

三、設備要點

一般觀光旅館的設備應符合下列各項要點：

1.各種設備除依本標準規定外，並應符合有關建築、衛生及消防法令之規定。

2.所有客房及公共用室，必須裝置空氣調節設備。位於高山寒冷地區者，應設置暖氣設備，並設紗門及紗窗。

3.通道地面應鋪設地毯或其他柔軟材料。

4.客房浴室須設置浴缸及淋浴設備、坐式沖水馬桶及洗臉盆等，並須日夜供應冷熱水。在風景特定區者，其客房浴室之浴缸，得視實際需要，部分改設浴池。

5.所有客房均應裝設彩色電視機、收音機及自動電話。公共用室及門廳附近應裝設對外之公共電話及對內之服務電話。

6.客房兩百間以上者，所有客房應設置錄影節目播放系統。其設置應依觀光旅館業設置錄影節目播放系統實施要點之規定辦理。

7.自客人利用之最下層算起四層以上之建築物，應設置自主要大門至各客用樓層之電梯，其數量應照下表之規定：

客房間數	客用電梯座數
150間以下	2座
151～250間	3座
251～375間	4座
376～500間	5座
501～625間	6座
626～750間	7座
751～900間	8座
901間以上	每增200間增設1座，不足200間以200間計算

　　如採較小或較大容量者，其座數可照比例增減之，但不得少於兩座。自避難層算起四層以上之樓層設有供五十人以上使用，或樓地板面積一百平方公尺以上之公共場所者，應各設置直達電梯一座（可包括在上列之電梯數量中，但除直達電梯外，一般客用電梯不得少於兩座）。客房八十間以上者並應另設工作專用電梯，其載重量不得少於四百五十公斤。

8.廚房之牆面、天花板、工作檯、地面及灶檯等均應採用能經常保持清潔並經消防單位認定之不燃性建材，並應設有冷藏、爐灶排煙、電動抽氣及密蓋垃圾箱等設備，不得使用生煤、柴薪為燃料，並應經常保持清潔。

9.乾式垃圾應設置密閉式垃圾箱；濕式垃圾酌設置冷藏密閉式之垃圾儲藏室，並設有清水沖洗設備。

10.餐具之洗滌，應採用洗滌機或三格槽，並具有消毒設備。

11.給水應接用公共自來水系統，如當地尚無公共自來水供應系統而自設給水設備，其水質應經衛生主管機關化驗合於飲水標準者始准使用，並應具有充分之水量及水壓。

第二節　國際觀光旅館建築及設備標準（四、五朵梅花）

國際觀光旅館評鑑項目共五十三項，分由建築設計及設備管理、室內設計及裝潢、建築管理及防火防空避難設施、衛生設備及管理、一般經營管理、觀光保防措施等六組評鑑之。

一、地點及環境

國際觀光旅館應位於各城市或風景名勝地區、交通便利、環境整潔，並符合有關法令規定處。

二、設計要點

國際觀光旅館的設計要點包括：

1. 建築設計、構造除依本標準規定外，並應符合有關建築、衛生及消防法令之規定。
2. 依本規則設計之觀光旅館建築物，除風景區外，得在都市土地使用分區有關規定範圍內，與下列用途建築綜合設計，共同使用基地：
   (1)百貨公司。
   (2)超級市場。
   (3)商場（旅館業者自營）。
   (4)營業用停車場（建築物附設法定停車場以外之停車場）。

(5)銀行等金融機構。

(6)辦公室。

(7)其他經觀光主管機關核准之項目。

與其他用途建築共同使用基地之觀光旅館應單獨設置出入口、直通樓梯、升降梯及緊急出口，不得與其他用途建築物混合使用。

3.應有單人房、雙人房及酌設套房，在直轄市至少兩百間，省轄市至少一百二十間，風景特定區至少四十間，其他地區至少六十間。

4.客房淨面積（不包括浴廁），每間最低標準為單人房十三平方公尺，雙人房十九平方公尺，套房三十二平方公尺，並得將相連之單、雙人房裝設防音雙道門，於必要時改充套房使用。

5.每間客房應有向戶外開設之窗戶，並設專用浴廁，其淨面積不得小於3.5平方公尺。各客房室內正面寬度應達3.5公尺以上，並注意格局及動線安排。

6.客房部分之通道淨寬度，單面客房者至少1.3公尺，雙面客房者至少1.8公尺。

7.旅客主要出入口之樓層應設門廳及會客室等，足以接待旅客之用，其合計淨面積不得少於下表之規定：

客房間數	門廳、會客室等淨面積
100間以下 101～350間 351～600間 601間以上	客房間數×1.2m² 客房間數×1.0＋18m² 客房間數×0.7＋125m² 客房間數×0.5＋245m²

門廳最低處之淨高度不得低於3.5公尺。

門廳附近應設接待旅客之服務櫃檯、事務室、旅行、郵電及酌設外幣兌換等服務處所。

8.應附設餐廳、咖啡廳、酒吧間（在風景特定區，咖啡廳、酒吧間得附設於餐廳內），並酌設夜總會、國際會議廳、室內遊樂設施，及如**表2-1**、**表2-2**所列之其他有關之設備。其餐廳之合計面積不得小於客房數乘1.5平方公尺，餐廳及國際會議廳並應設衣帽間。

9.門廳、主要餐廳、公用廁所、台階等處所應設專供殘障人士進出或使用之設備，並應酌設殘障客房。

10.夜總會營業場所之入口處應設置門廳、服務台、衣帽間。營業場所內得附設酒吧。

11.夜總會如兼供宴會、會議、餐廳等使用者，仍應設廚房，並依本標準設計要點第十二點之規定辦理。

12.廚房之淨面積不得少於下表之規定：

供餐飲場所淨面積	廚房（包括備餐室）淨面積
1,500m² 以下	至少為供餐飲場所淨面積之33%
1,501～2,000m²	至少為供餐飲場所淨面積之28%＋75m²
2,001m²～2,500m²	至少為供餐飲場所淨面積之23%＋175m²
2,501m² 以上	至少為供餐飲場所淨面積之21%＋225m²

表2-1 觀光旅館籌建申請書

旅館名稱	中文			公司名稱及發起人姓名			申請種類	
	英文							
地址				通訊處			電話	
基地面積	騎樓	平方公尺	合計	構造概要	(構造)(層數)(高度)	地下　　層 地上　　層　　公尺	土地使用分區	
	其他	平方公尺	平方公尺					
建築面積		平方公尺		總樓地板面積	六七、六七四‧四六平方公尺（含地下室面積）		建蔽率	百分之七十六
客房數及類別	單人房　　間 雙人房　　間 套房　　間		間共　間	電梯	客用（容量　人） 工作專用（容量　公斤）			座座
				間空車停	室外 室內	輛共　　輛 輛		
設計人		電話		價造	新台幣			
預定開工日期				預定完工日期				
餐飲設備及會議廳	(名稱)各種餐廳會議廳	(面積)平方公尺平方公尺		(廚房面積)平方公尺			(備註)	
其他設備	理髮室（ ）美容室（ ）三溫暖（ ）健身房（ ）室內遊樂設施（ ）洗衣間（ ）旅行服務（ ）外幣兌換（ ）貴重品保管專櫃（ ）商店（ ）郵電服務（ ）酒吧間（ ）游泳池（ ）網球場（ ）高爾夫球練習場（ ）錄放影設備（ ）其他（ ）							
檢附文件	一、發起人名冊　　　　　　二份 二、公司章程　　　　　　　二份 三、營業計畫書　　　　　　二份 四、財務計畫書　　　　　　二份 五、土地所有權狀或使用同　意書及建築線指定或指示　一份			六、建築設計圖說　　　　　三份 七、設備總說明書　　　　　三份 八、基地位於住宅區者應檢附　當地主管建築機構所具得　興建國際觀光旅館之證明　文件　　　　　　　　　一份				
中華民國　　　　　申請人：　　　　　　（簽章）　　　　年　　　　月　　　　日								

註：1.本申請書應填具一式四份。
　　2.設計圖應包括位置圖（1／1200）、配置圖（1／600）、各層平面圖（1／100或1／200）、各式客房平面詳細圖（1／100）、彩色透視圖等（括弧內數字為最小比例尺）。
　　3.門廳、會客室、餐廳廚房（包括備餐室）等之面積，應在平面圖上註明計算式。
　　4.各式房間淨實尺寸及淨面積應於平面詳細圖上註明。
　　5.繳納設計圖說審查費。

表2-2 國際觀光旅館或觀光旅館附設夜總會申請

申請人	公司名稱： 負責人或發起人姓名： 　　　　電話： 地址：		
國際觀光旅館或觀光旅館名稱		夜總會名稱	
夜總會設置樓層		地址	
夜總會樓地板面積		夜總會營業淨面積	廚房淨面積（備餐室）
附屬設備	衣帽間　　　　處 酒吧　　　　　處 公用電話　　　台	有無舞池及設備	
預定開工及完工日期	年　　　　月　　　　日開工 年　　　　月　　　　日完工		
檢附文件	一、夜總會位置圖及平面圖　各三份 二、營業計畫（營業項目）　三份		
中華民國	申請人 　　　年　　　月　　　日		（蓋章）

註：1.本申請書應填具一式四份。
　　2.夜總會位置圖、平面圖之比例尺不得小於1／1000，並應註明計算方式。

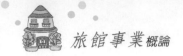

13.餐廳、咖啡廳、夜總會等供應餐飲之場所應依有關衛生管理法令之規定辦理，公共用室附近應設男女分開之公用廁所。廁所內之隔間，每間門應自外向內開啟。

14.客房層每層樓房數在二十間以上者，應設置備品室一處。

15.應附設職工餐廳、值夜班之職工宿舍及分設男女職工專用更衣室及浴廁，除淋浴頭按每三十人至少應有一具外，其他衛生設備數量，應依照建築技術規則建築設備編第三十七條之規定設置。

三、設備要點

國際觀光旅館的設備應符合下列各項要點：

1.各種設備除依本標準規定外，並應符合有關建築、衛生及消防法令之規定。

2.旅館內各部分空間，應設有中央系統或其他形式性能優良之空氣調節設備，以調節氣溫、濕度及通風。高山寒冷地區者，應設置暖氣設備，並設紗門及紗窗。

3.客房及通道地面，應鋪設地毯或其他柔軟材料。

4.客房浴室須設置浴缸、淋浴頭、坐式沖水馬桶及洗臉盆等，並須日夜供應冷熱水。在風景特定區者，其客房浴室之浴缸，得視實際需要，部分改設浴池。

5.所有客房均應裝設彩色電視機、收音機、冰箱及自動電話。公共用室及門廳附近，應裝設對外之公共電話及對內之服務電話。

6.所有客房應設置錄影節目播放系統。其設置應依觀光旅館

業設置錄影節目播放系統實施要點之規定辦理。

7.自客人利用之最下層算起四層以上之建築物,應設置自主
　要大門至各客用樓層之電梯,其數量應照下表之規定:

客房間數	客用電梯座數
150間以下	2座
151～250間	3座
251～375間	4座
376～500間	5座
501～625間	6座
626～750間	7座
751～900間	8座
901間以上	每增200間增設1座,不足200間以200間計算

　　自避難層算起四層以上之樓層設有供五十人以上使用,或
　樓地板面積一百平方公尺以上之公共場所者,應各設置直
　達電梯一座(可包括在上列之電梯數量中,但是除了直達
　電梯外,一般客用電梯不得少於兩座,客用電梯每座以十
　二人計算)。並應另設工作專用電梯,客房兩百間以下者
　至少一座,二百零一間以上者,每增加兩百間加一座,不
　足兩百間者以兩百間計算。工作專用電梯載重量每座不得
　少於四百五十公斤。如採用較小或大容量者,其座數可照
　比例增減之。

8.廚房之牆面、天花板、工作檯、地面及灶檯等,均應採用
　能經常保持清潔並經消防單位認定之不燃性建材,並應設
　有冷藏、爐灶排煙、電動抽氣及密蓋垃圾箱等設備,不得
　使用生煤、柴薪爲燃料,並應經常保持清潔。

9.乾式垃圾應設置密閉式垃圾箱;濕式垃圾酌設置冷藏密閉
　式之垃圾儲藏室,並設有清水沖洗設備。

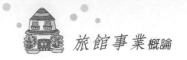
10.餐具之洗滌，應採用洗滌機或三格槽，並具有消毒設備。

11.給水應接用公共自來水系統，如當地尚無公共自來水供應系統而自設給水設備，其水質應經衛生主管機關化驗，合於飲水標準者始准使用，並應具有充分之水量及水壓。

管理經驗與格言

國際四季飯店暨麗晶酒店集團

　　一九九二年締結聯盟的國際四季飯店暨麗晶酒店集團，目前仍不斷在全球擴建新的據點，未來勢將成為全世界最大的豪華級旅館集團。

　　國際四季飯店暨麗晶酒店集團以充分授權的管理哲學，讓旗下各飯店的總經理，完全擁有自主權以發揮其經營長才，因此，每家飯店都有獨立的管理規章和作業程序，以滿足當地的市場需要，而集團總部則以行銷方針、發展規劃和全球連鎖訂房等資源協助。

　　四季酒店集團源起於加拿大多倫多市區的一家汽車旅館，一九六二年一位名叫Isadore Sharp（伊沙多‧夏普）的建築商，也就是今天四季集團的所有人，選用了四季這個名稱，並且沿用至今，目前，在美國、加拿大、英國、日本、香港、印尼、義大利與加勒比海等地，擁有或經營二十五家飯店，同時還有多家飯店現正興建中。

　　麗晶國際酒店則於一九七二年成立，其目標是建立一個世界級的連鎖酒店，特別是在太平洋盆地。

　　一九八〇年，該集團的旗艦酒店——香港麗晶落成啟用，很快就得到國際的認同，並獲獎連連，一九九一與九二年，都被《機構投資人雜誌》選為世界上最好的酒店。

　　麗晶集團旗下的酒店分別位於香港、曼谷、清邁、吉隆坡、台北（即晶華酒店）、新加坡、雪梨、墨爾本、奧克蘭、洛杉磯和倫敦，同樣也在越南、中國大陸、印尼、泰國等地，有新的發展計畫。

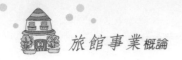

　　四季集團的飯店分布在美洲與歐洲，麗晶集團則分布在太平洋地區，東西方的交會，造就了世界上最豪華的旅館連鎖集團。

第三章　世界各國旅館等級管理制度

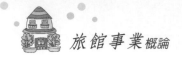

第一節　國際官方旅遊組織協會之旅館分級標準

　　評定旅館等級的機構有：政府的有關部門或機構，如奧地利旅館評級工作是由聯邦工商經濟委員會負責，而在瑞士是由瑞士旅館店主協會主持，其他組織或機構，如美國的汽車協會、英國和荷蘭的皇家汽車俱樂部等，也對旅館進行評級，它們都制定了自己的旅館評級制度。

　　評定旅館等級的標準，內容是多種多樣的，但通常涉及到設備與設施、氣氛、環境及服務等方面。世界觀光組織（World Tourism Organization, W.T.O）對旅館等級的劃分標準內容包括客房數、設備與設施、服務項目、服務品質及員工的素質等。有關設備、設施部分，分級標準如下：

■四級旅館（相當於一星級）

　　四級旅館屬於經濟型旅館，至少需有十間客房，必須具備下列設施：

1.具有供客人使用的起居室或大廳在內的公共房屋。
2.有中央取暖設備或自動取暖設備。
3.客房設備完善、光線充足，並有百葉窗或雙重窗紗的窗戶、良好的家具和地毯、完整的現代化電氣設備。
4.有客人使用的電話間。
5.50％的客房要有自來水及浴缸。
6.25％的客房要有固定盥洗室和淋浴設備。
7.在短暫居住旅館中，每十五間客房必須有一間公共浴室淋

浴設備。

　8.每層樓每五間客房至少要有兩個公共廁所，包括男用與女
　　用。

　9.在客房內有早餐供應服務。

■三級旅館（相當於二星級）

　　三級旅館屬舒適型旅館。它除備有一星旅館的設備外，還
需具備有：

　1.三層樓以上要有一部以上的電梯。

　2. 40％的客房要有具抽水馬桶的盥洗室。

　3.有電話總機，各客房備有分機，各樓面至少有一架可撥打
　　外線及長途的公共電話。

　4.有接待服務。

■二級旅館（相當於三星）

　　二級旅館屬一般水準舒適型旅館，除備有二星旅館的設
備，還應有：

　1.接待廳和閱覽室。

　2.客房寬大、設備舒適、家具高檔。

　3.有隔音裝置。

　4.50％的客房有完備獨用的浴室（盆浴與淋浴）。

　5.75％的客房要有具抽水馬桶的盥洗室。

　6.50％的客房內有外線電話。

　7.有合格而能勝任工作的員工。

■一級旅館（相當於四星級）

　　一級旅館屬高水準舒適型旅館。它除備有三星旅館的設備

外，還應需具備有：

1.寬大的公共場所。

2.配有高檔家具的寬大客房。

3.60％的客房有設備完善的獨用浴室。

4.有良好的接待、兌換貨幣、餐廳等服務項目。

■豪華級旅館（相當於五星級）

豪華級旅館屬豪華型旅館。它除備有四星旅館的設備外，還應有：

1.公共活動場所、寬敞舒適的大廳、接待廳和閱覽室。

2.有獨用起居室的套間公寓或客房。

3.客房寬大，裝飾豪華。

4.75％的客房有獨用浴室。

5.設備和裝置必須現代化。

6.有露天或室內游泳池。

第二節　歐洲各國之旅館分級制度

國際官方旅遊組織協會（International Union of Official Travel Organization, IUOTO）為W.T.O的前身。由於IUOTO最具有權威性，大多數國家都以它公布的旅館評級內容與標準作為基本的依據或參考，英國對旅館評級有兩個組織，而對旅館評級的內容就不一樣。英國國家旅遊局對旅館評級的內容是客房、浴室、盥洗室與其他設施；英國皇家汽車俱樂部對旅館評級的內容是：賓客的接待、行李搬運、大廳、電話、一日三

餐、客房及客房服務、公共廁所與浴室等多種項目。近幾年英國又推行了一種皇冠制分級法（分五個等級），分別以皇冠的個數表示旅館等級，皇冠越多，等級越高。一皇冠相當於一星級，五皇冠相當於五星級；對旅館評級的內容除設備與設施的要求比較詳細外，對服務方面的要求也占有一定的水準。

　　義大利將旅館分為豪華、一、二、三等四級，希臘則分為A_1、A、B、C、D等五級，瑞士則將旅館分為六級。評定內容包括有：服務項目、設備與設施、地理位置與外觀。服務項目在評定記分中占50％，此部分包括接待服務、夜班服務、洗衣服務、床上用品更換服務和服務員的服務態度等十四項。設施與設備包括電梯、公共廁所、套房比例、音響設備、電話、餐廳、娛樂設施等二十一項。位置與外觀部分則包括外觀造型、交通狀況、環境與氣氛、建築面積和停車場等。還有其他國家對旅館評級的內容更為詳細，但總結起來最重要的是設備、設施與服務。

第三節　美國四、五星級旅館服務品質要求

　　美國汽車協會是評定旅館等級的重要機構，它非常重視服務的品質。如果一個旅館在硬體方面達到了四星級或五星級的水準，該協會的評定人員將會親自前去住宿一夜，實地考察其服務的水準。該協會在評定五星級旅館時，除了公開去旅館考察一次外，還會以不公開的身分到旅館數次探查，目的乃是嚴格地考察服務人員的服務態度。如果旅館的硬體方面完全合格，但服務欠佳，也不能列為五星級。如美國維吉尼亞的威廉斯堡飯店，飯店布置具有十八世紀的風格與古色古香的獨特風

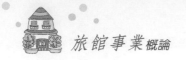

格，但考核人員去該飯店時，發現該飯店服務員沒有在客人就寢前把床罩收好，而早餐的客房餐飲服務又晚了二十分鐘，由於服務欠佳，被評定為四星級。

美國汽車協會對四、五星級旅館重要服務項目及服務品質要求如下：

■預約

飯店應保證二十四小時接受顧客的預約電話。告訴客人各種價格和價目表、預收訂金和保證金的政策，並附上飯店的資料給顧客。

■門廳接待員的職責

熱情招呼、歡迎客人，幫客人卸下行李，說明停車方式，協助辦理飯店遷入手續，並熟悉客人的姓名。

■前檯工作人員職責

能使用多種語言，熱情迎接客人，敏捷有效地為客人辦妥遷入手續。解釋房價、床的類型和餐費，並請行李員送客到客房。

■行李員的職責

稱呼客人姓名，歡迎客人到飯店，並介紹餐飲部門、娛樂設施及其他設施。並為住客介紹燈光、電視機和控溫器的使用方法，指明緊急出口處，介紹房間內特別的物件、夜床服務及提供附加的服務。

■電話總機服務

電話響起應立即接通並提供客人留言服務。在五星級旅館，接待客人應稱呼客人名字。

夜床服務

所有五星級飯店均應提供，四星級飯店應客人要求提供。在合適的時間內做夜床，如晚上六點至九點之間。

擦鞋服務

在五星級飯店，應提供到房內取鞋服務。

叫醒服務

以富有人情味的態度叫醒客人，同時告訴客人當時的時間和氣溫。

大廳服務工作

提供飯店用餐時間，安排觀賞體育、影劇活動，告訴客人航班時刻表，幫助旅客解決和回答問題。

送客和結帳服務

在四、五星級飯店，除櫃檯人工結帳外，還應有快速電腦結帳。

飲料

應備有新鮮的柑桔汁和葡萄原汁、冰水、咖啡和各類品種的茶。

酒類

四星級及五星級飯店應備有齊全的酒單，酒包括國產酒及進口酒，餐廳經理和服務員應有豐富酒類知識，並提供介紹給客人。

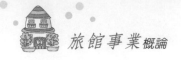

第四節 世界級最佳旅館的評定

　　世界上有些機構，長期以來，每年都進行評定世界級最佳旅館的工作，這些機構主要集中在新聞界和旅館等行業，其中影響最大且最具有權威性的首推《公共機構投資人》（*Institutional Investor*）雜誌社。《公共機構投資人》是美國一家有聲望的金融雜誌，它每年在世界各地挑選一百位著名的銀行界人士作為評委，這些人都是經常因公、私事務外出的旅遊者，每年在世界各地著名的旅館住宿不少於八十天。雜誌社請他們對旅館打分數，最高分為一百分，分數越高越好。有時評委還要集中到雜誌社來，根據條件進一步比較，最後根據該年度評選的特點選出最佳旅館。一九八八年世界最佳旅館前十名是：泰國曼谷的東方飯店、香港的麗晶旅館、德國漢堡的四季飯店、香港的文華酒店、英國倫敦的康諾特飯店、新加坡的香格里拉飯店、日本東京的大倉飯店、法國巴黎的里茲飯店、法國巴黎的布里斯托爾飯店、香港的半島酒店。一九九〇年世界最佳旅館前十名是曼谷的東方飯店、漢堡的四季飯店、美國洛杉磯的貝爾艾爾飯店、巴黎的里茲飯店、香港的麗晶旅館、香港的文華酒店、巴黎的布里斯托爾飯店、香港的半島旅館、新加坡的香格里拉飯店、東京的大倉飯店。

　　由《公共機構投資人》雜誌多次評選活動可知，進入世界最佳旅館名單的，通常都是地理位置與建築風格、設備與設施及服務品質三個方面有突出優勢的旅館。

　　地理位置優越是條件之一，列入世界最佳旅館，都是地處世界名城的城市旅館，香港的旅館在前十名中占了三名，與它

們所在的城市商業繁榮，又吸引著無數的觀光客有一定的關係。一九八八年世界最佳旅館前五十名，巴黎城中有五名，全部位於巴黎的最佳地點，或靠近最繁華的商業區。名列第一的東方飯店，靠近曼谷最繁榮的地方，與風景優美的湄南河為伴。漢堡的四季飯店位於靠近商業區的阿爾斯特湖畔。半島酒店與麗晶旅館，位在九龍旅遊區，無論去風景點遊覽，還是去商業區購物都很近。許多旅館雖然位於繁榮市區，但都具有「鬧中取靜」的特色。

就建築來說，被列入世界最佳旅館，都有自己的特色或獨特的風格。像漢堡的四季飯店，其建築像一座古老而壯麗的宮殿，吸引不少遊客。有的旅館是雄偉壯觀的新建築，展現新時代的精神和先進的科學技術。如香港的麗晶旅館於一九八〇年建築完成，它給顧客豪華而現代的舒適享受，建築風格與環境氣氛，展現了中西文化的巧妙結合。

世界最佳旅館共同的特點為優質高效的服務，服務人員快捷、周到、禮貌、熱情。一九八五年加蓬總統訪問泰國，在曼谷東方飯店舉行大型的宴會，宴會前對方要求菜單上要加一百公斤凍青蛙腿，兩個半小時後，飯店滿足對方的要求，使三百位賓客品嚐到這一佳餚，主人十分滿意。同年汶萊王子抵達曼谷東方飯店才兩分鐘，他最喜歡的七十個榴槤和九十二件行李就整整齊齊地放在他的套房裏，可見服務的品質是多麼優良。在香港的半島酒店，客人在凌晨兩點把衣服送去洗燙，而早飯以前飯店就把洗好的衣服送回來。在漢堡的四季飯店，服務相當周到，客人晚飯後回到房間，會發現床上的被角又掀起一角，枕頭邊或放一塊包裝精美的巧克力，或放一新鮮水果，令客人感到格外的親切溫暖。有位常住曼谷東方飯店的美國人，因為宗教信仰，周五不乘電梯，此後凡是他周五來到旅館，接

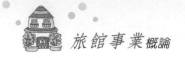

待人員總是把他安排在第二層的客房，使他上下樓方便。曼谷東方飯店規定客房部經理每星期四要出面宴請一次在飯店住宿一星期以上的客人，以聯絡感情，徵求客人的意見和建議。由此可知熱情、貼心的服務，將使客人有再度光臨飯店的意願，更能提高飯店的住用率，使業務蒸蒸日上。

第四章 我國近年來（一九九七至二〇〇一）國際觀光旅館營運分析

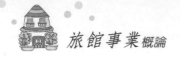
在觀光旅館投資規劃案中，吾人必須對現有觀光旅館營運狀況有所瞭解，俾便做為預估日後經營管理效率的根據。觀光局歷年以來將各觀光旅館營運狀況逐項分析，本書就其中與經營管理相關項目加以說明，主要為營運狀況分析與財務分析。

旅館營運狀況分析的主要項目包括：

1.客房住用率（occupancy rate）：客房住用率是反映旅館營運狀況的重要指標，二〇〇一年平均住用率為62.37％。

2.平均實收房價（average room charge）：房租收入為國際觀光旅館的營業收入來源之一，觀察每單位客房平均收入，有助於瞭解旅館營運狀況。二〇〇一年平均房價為三千零八十四元，比二〇〇〇年減少二十五元。

財務分析的項目如下：

1.營業收入暨平均營業收入分析。
2.營業收入結構分析。
3.營業支出暨平均營業支出分析。
4.營業支出結構分析。
5.客房與餐飲收入比率分析。
6.餐飲收入與餐飲成本比率分析。
7.客房部、餐飲部、夜總會部門獲利率分析。
8.稅前營業獲利率、稅前獲利率、稅前投資報酬率分析。
9.餐飲部坪效分析。

為了使分析數據更具有客觀性與參考價值，茲將一九九七至二〇〇一年各項資料加以綜合分述。

第一節 國際觀光旅館住房狀況分析

一、客房住用率及平均實收房價

　　客房銷售爲國際觀光旅館主要業務之一，因此客房住用率與平均實收房價之間的互動關係，成爲瞭解觀光旅館市場的重要指標。尤其在觀光淡季期間，爲了提高住用率，各旅館各顯神通，紛紛推出促銷專案，本書也就其要者予以列示，以資參酌（**表4-1**、**表4-2**）。

二、各觀光旅館主要客源及提高住用率推廣 個案

(一)各觀光旅館主要客源分述

　　各國際觀光旅館常因其設備及經營方式不同而吸引不同國籍之旅客，根據年報資料之分析，可歸類如下：

■日本旅客

　　以日本旅客爲主之旅館：統一、華泰、國王、康華、三德、老爺、華國。

■本國旅客

　　以本國旅客爲主之旅館：皇統、敬華、花蓮亞士都、陽明山中國、凱撒、桃園。

表4-1　一九九七至二○○一年國際觀光旅館住用率及平均房價（依月份別區分）

單位：百分比（％）、新台幣（元）

月別		一月	二月	三月	四月	五月	六月	七月
1997	住房率	61.94	59.97	69.73	67.60	63.17	65.55	62.29
	平均房價	2,873	2,811	2,871	3,096	2,997	3,041	2,925
1998	住房率	54.33	65.15	66.13	64.92	61.01	62.30	61.26
	平均房價	2,925	3,022	3,080	3,159	3,156	3,200	3,077
1999	住房率	57.39	57.98	69.63	67.05	63.92	67.67	64.23
	平均房價	2,911	2,930	3,014	3,143	3,111	3,115	3,016
2000	住房率	54.75	58.24	65.34	65.19	63.29	67.69	66.24
	平均房價	2,957	3,051	3,043	3,133	2,983	3,215	3,046
2001	住房率	53.57	69.65	68.56	66.48	62.50	64.27	64.09
	平均房價	3,035	3,051	3,117	3,219	3,180	3,292	3,003
月別		八月	九月	十月	十一月	十二月	平均值	
1997	住房率	58.34	60.08	69.62	75.93	63.07	63.39	
	平均房價	2,960	3,009	3,115	3,010	2,821	2,846	
1998	住房率	61.73	59.09	63.66	70.93	59.97	63.72	
	平均房價	2,994	2,946	3,144	3,008	2,825	2,964	
1999	住房率	65.80	58.00	50.34	57.79	55.63	62.54	
	平均房價	2,946	3,006	3,150	3,092	2,858	3,045	
2000	住房率	64.29	66.42	70.04	72.24	64.71	64.87	
	平均房價	3,030	3,117	3,207	3,107	2,920	3,067	
2001	住房率	63.04	55.38	58.09	61.40	57.91	62.08	
	平均房價	3,018	3,042	3,051	2,990	2,820	3,068	

1.資料來源：一九九七至二○○一年國際觀光旅館營運統計月報表。
2.每年住房旺季（On Season）爲三月、十月、十一月（因爲台商務旅客及歸國華僑多）。
3.每年住房淡季（Off Season）爲七月、八月、十二月（因暑假關係反爲國人出國旅遊旺季，對風景區及花蓮地區反而是旺季）。

表4-2 一九九七至二〇〇一年國際觀光旅館住用率及平均房價（依地區別區分）

單位百分比（％）新台幣（元）

地區		台北	高雄	台中	花蓮	風景區	其他	平均值
1997	住房率	68.96	60.67	55.97	52.94	57.54	48.69	57.46
	平均房價	3,277	2,077	2,482	2,293	3,649	2,203	2,664
1998	住房率	68.28	55.97	59.77	51.25	61.62	47.10	57.33
	平均房價	3,401	2,196	2,413	2,358	3,360	1,874	2,601
1999	住房率	67.02	55.35	56.43	43.56	63.45	50.22	56.01
	平均房價	3,436	2,190	2,284	2,282	3,398	1,970	2,610
2000	住房率	73.10	57.77	56.12	41.09	58.73	68.92	59.29
	平均房價	3,511	2,127	2,507	2,212	3,513	2,547	2,736
2001	住房率	69.54	56.39	53.57	47.75	60.57	62.20	58.17
	平均房價	3,517	2,052	2,407	2,054	3,215	2,546	2,632

資料來源：一九九七至二〇〇一年國際觀光旅館營運統計月報表。

■本國旅客及華僑

以本國及華僑旅客為主之旅館：京王。

■本國及日本旅客

以本國及日本旅客為主之旅館：名人、高雄國賓、通豪、統帥、中信花蓮、中信日月潭、高雄圓山、南華、嘉南、台南。

■日本及亞洲旅客

以日本及亞洲旅客為主之旅館：中泰、豪景、環亞。

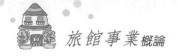

■**日本及其他旅客**

以日本及其他旅客爲主之旅館：台北國賓、華國。

■**北美及歐洲旅客**

以北美及歐洲旅客爲主之旅館：亞都。

■**日本、北美及亞洲旅客**

以日本、北美及亞洲旅客爲主之旅館：凱悅（君悅）。

■**日本、北美及歐洲旅客**

以日本、北美及歐洲旅客爲主之旅館：台北圓山、希爾頓、來來、福華、力霸、晶華（麗晶）、西華、華王。

■**日本、亞洲及歐洲旅客**

以日本、亞洲及歐洲旅客爲主之旅館：國聯。

■**本國、日本及北美旅客**

以本國、日本及北美旅客爲主之旅館：兄弟、全國。

■**本國、日本及亞洲旅客**

以本國、日本及亞洲旅客爲主之旅館：亞太。

■**華僑、亞洲、歐洲及其他旅客**

以華僑、亞洲、歐洲及其他旅客爲主之旅館：富都。

■**日本、歐洲及北美旅客**

以日本、歐洲及北美旅客爲主之旅館：長榮桂冠酒店。

(二)觀光旅館推廣個案舉例

1.十二月到二月這段期間是國際觀光旅館淡季，業者爲提高

住房率，補貼客房維護費用和人事成本，紛紛推出各式住房特惠案，以爭取住房客。另外，觀光旅館業爲充分運用閒置之客房，考季時期業者針對不同種類的考試，推出不同住宿休息優惠措施。

2.基於會議業務市場愈來愈大，飯店業者近來不斷主動推出會議專案，以吸引企業團體或政府機關、民間社團上門開會，尤其夏季，住房面臨淡季，業者結合住房與會議推出優惠案，所以六月至八月是企業考慮開會的好時機。

3.近年來國人休閒旅遊風氣日盛，休閒旅遊人口大量增加，有鑑於此，航空公司空勤人員客源逐漸擴大。部分觀光飯店甚至以六折的優惠折扣招徠空服人員客層。爭取到航空公司簽約，通常能維持一定期間的基本業務量。墾丁旅遊淡旺季差別很大，而空服人員經常都採彈性休假，對平衡業務相當有幫助，因此，十一月底以前，凱撒飯店針對航空公司空服員、正副駕駛、飛航工程師等空勤人員，及國際觀光飯店旅館員工，推出優惠專案，平日房價六折，周五、周六及假日前夕九折。

4.一九九二年觀光旅館紛紛與各航空公司合作促銷，憑機票可享受住宿低價位優待，並有專員機場接送。各式顧客住宿費一律打折，部分觀光旅館周末降爲五、六折，可免費享用游泳池、健身中心、三溫暖、水果免費招待等。
由於全世界的經濟持續不振，外國商務旅客整體來台次數雖未減少，但來台行程儘量縮短。以商務旅客爲主之觀光旅館，周一至周五客人較多，一旦到了周末、周日反而生意冷清，淡旺十分明顯。西華從開幕第二年開始，逐漸重視國人住宿，促銷對象爲中南部到台北洽商，以及將飯店當成休閒度假場所的人士。

5.國際觀光旅館的經營較以往更加艱辛，爲此各家業者皆曾採取更靈活的行銷策略來因應，例如：

(1)華國大飯店提供顧客歲末聯歡、工商交誼、喜宴等多項服務。

(2)富都大飯店對長期住房者，給予大幅優惠價，推出「長期住客優惠案」。

(3)環亞大飯店針對商務住客，推出「高爾夫黃金假期優惠專案」。

(4)台北老爺大酒店、福華大飯店十二月推出「暖冬住宿優惠專案」。

(5)墾丁凱撒大飯店爲吸引觀光客多住，打出「住宿一天，贈送一天」的促銷活動。

(6)希爾頓大飯店推出喜宴蜜月特惠案。

(7)台北環亞大飯店夏之宿饗特惠案。

6.重要國際會議大部分都在北部舉行，爲吸引來華觀光客南下高雄，並加強促銷國人消費活動，同業間競爭相當激烈，有業者針對國內商務客，憑身分證特價優待，或是促銷一千元以上公務出差優待價：

(1)華王大飯店將北部商務客列爲重要新客源，定期或不定期派員北上促銷，加強北部各企業聯繫。

(2)高雄國賓推出國人憑身分證住宿只要兩千七百元特價措施，同時積極派員在高雄各大日本商社促銷，希望減少住房下降情形。

(3)華園飯店則以訂價五至六折優待。

(4)名人飯店對公務員特別優待。

(5)其他如皇統、京王等飯店收費在一千五百元以內。

7.另自一九九○年二月份，我國舉辦觀光節慶祝活動──台

北燈會、台北中華美食展，吸引部分國外旅客前來參觀，再加上商務旅客利用農曆春節（一月）結束後來台洽談業務，致當月份來華旅客較去年同期成長13.3％。

8.針對各種社團及公司，各飯店推出多項優待措施，茲分述如下：

(1)北部觀光旅館業者，將目標鎖定各種社團及公司行號，為增加南部商務客，派出高級主管南下開發新客源。鎖定南部各扶輪社、獅子會及青商會，晶華、凱悅等觀光飯店都派員南下開發客源，部分觀光飯店推出國人住房五折優待措施。西華飯店客房以六五折優待，另外推出「周末度假專案」。

(2)每年年底至次年二月底止，凱悅飯店亞太地區三十六家連鎖飯店共同推出凱悅住房六折優惠。該專案除房價特惠外，也可享有西北航空里程數優惠點數，並參加抽獎，免費入住凱悅在亞太區的度假村。

(3)環亞以一人一日住房費三千五百元，並附贈中西自助餐、免費室內電話、兒童免費加床、購物、洗衣、國際電話優待價等諸多優惠。

(4)部分旅館一宿只收兩千六百元，附贈兩份早餐、精緻水果盤，並可享用聯誼會的十多項設備。藉由經濟型消費，吸引機關、學校、社團舉辦自強活動；另一方面，希望招攬私人企業、飯店同業舉辦員工訓練，甚至全家福的親子遊憩等業務。

(5)通豪大飯店住宿五折最引人注目。另「貴賓樓層」對主管級的商務旅客提供特別的住宿樓層，在軟體、硬體設施及服務上「更上一層樓」。

(6)福華的特惠促銷則分別以開發臨時訂房、來台看世貿

工商展，及中、南部工業區北上洽商、香港遊客等客
源，給予優惠價為主。

9.各飯店針對會議業務所推出的會議優惠專案如下：

(1)力霸飯店優惠案，消費者享用各式會議器材全部免
費，會場租金與茶點八折。

(2)西華會議專案則是包括國外客，因為不少本地公司常
會與國外總公司或分公司的職員開會，因此業者延伸
優惠對象。西華訂房達到二十間以上，房價給予優惠
折扣。

(3)凱悅飯店將以往小型的會議擴大為一百八十人左右的
大型會議專案。

(4)一般會議都以提供西式餐點為主，福華則以中式風味
取勝，期以中國茶與港式點心贏得消費者的認同。

(5)墾丁凱撒大飯店開會、會前晨跑、會後游泳、會議假
期兩人三天兩夜新台幣8,888元，免費提供會議室器
材、咖啡等，並附贈豐富的面海自助早餐。

(6)另部分觀光旅館場租、設備、用餐、茶點單一價格全
套包辦。

10.推出各種假期等優惠專案及服務，茲分述如下：

(1)知本老爺大酒店曾推出逍遙假期、親子假期、蜜月假
期、商務健康假期和會議假期等五種優惠專案；以優
惠優格、免費贈送服務和娛樂活動，吸引想避開擁擠
人潮之度假旅客。

(2)台中長榮桂冠酒店全家福假期，4,999元住宿豪華雙人
房，加床不另收費。免費使用健身俱樂部各項設施，
享受可口的歐式自助早餐，房間供應迎賓水果籃及免
費停車。

(3)台中市部分觀光旅館為了掌握散客市場，推出累積點數優惠促銷方案，對來往信用程度良好之住宿客發給貴賓卡，持貴賓卡住宿八折優待且可簽帳，並送水果、飲料券、三溫暖券等，除建立消費者忠誠度，亦可達到穩定長期住房率目的。

(4)某旅館為日本旅客設計日本客房，包括傳統日本浴袍、以日本茶具準備的烏龍茶、適合日本人睡眠習慣的較硬枕頭、牙刷、刮鬍刀及二十四小時的日語熱線，為來台的日本旅客提供家的感覺。

(5)台北國賓在晶華、凱悅等新競爭者加入市場之壓力下，已投入巨資進行全館改裝。

(6)高雄國賓飯店推出國人憑身分證特惠，單人房收費兩千七百元，雙人房收費三千元，服務費及稅金均由飯店吸收，同時推出工商界人士及觀光客的高爾夫之旅。

11.考季時期，業者針對不同種類的考試，推出了各式住宿休息的優惠措施，茲分述如下：

(1)部分觀光飯店為提升企業形象並培養潛在客戶，提供考生和家長住宿五折、溫習功課客房特惠價優待等方式促銷。

(2)華王飯店幾年前開始推出考季專案，業務蒸蒸日上，因此更進一步開發考生市場。

(3)來來大飯店之考生專案係對持准考證之考生給予對折優惠房價，另有專為考生設計之速食午餐、客房餐飲，餐畢另提供考生專用休息區。

(4)部分觀光飯店認為考季市場值得把握，但是也有業者持完全相反的看法，認為促銷考季獲利不大，「考生

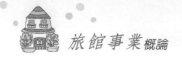

專案」宣傳意義大於實質意義。

12. 更有甚者，北部一家觀光休閒飯店看好國內麻將人口市場，想出舉辦「台灣麻將大賽」的促銷活動。凡是年滿二十歲以上、「無不良嗜好」的國民，購買該飯店兩天兩夜餐旅券達新台幣壹萬元者，都可報名參加，因此這壹萬元就等於報名費。為了強調這個促銷活動的善意，主辦單位在簡章中明定，凡是通緝在案者、假釋期間者，以及有重大流氓情節或管訓者，不接受報名。大會比賽更採用五度五關方式，分為預賽、初賽、複賽、準決賽、總決賽，以四人一組單淘汰方式進行，採十六張麻將打法，得分最高者晉階升級，逐步登上賭王、賭后的榮銜。總而言之，觀光旅館業務推廣已經破除過去傳統方法，以推陳出新來吸引顧客。

第二節　營業收入結構分析

旅館營業收入主要來源可分為客房收入、餐飲收入、洗衣收入、店舖租金收入、附屬營業部門收入、服務費收入及其他營業收入等。

本資料所統計之各項收入科目定義如下：

1. 客房收入：指客房租金收入，但不包括服務費。
2. 餐飲收入：指餐廳、咖啡廳、宴會廳及夜總會等場所之餐食、點心、酒類、飲料之銷售收入，但不包括服務費。
3. 洗衣收入：指洗燙旅客衣服之收入。
4. 店舖租金收入：包括土產品、手工藝商店、理髮、美容

室、餐廳、航空公司櫃檯等營業場所之出租而獲得之租金收入。

5.附屬營業部門收入：包括游泳池、球場、停車場之使用費用收入，自營商店之書報、香煙、土產品、手工藝品等銷售收入，還有自營理髮廳、美容室、三溫暖、保健室等的收入。

6.服務費收入：指隨客房及餐飲銷售而收取之服務費收入，但不包括顧客犒賞之小費。如服務費收入以代收款科目處理者，仍將全年之金額填列本科目。

7.其他營業收入：包括電話費收入、佣金及手續費收入，例如代售遊程而獲得之佣金、收兌外幣而獲得之手續費、郵政代辦或郵票代售之佣金收入。

8.營業外收入：包括利息收入、兌換盈餘、出售資產利得、理賠收入、其他。

茲將一九九七至二○○一年營業收入結構及二○○一年台灣地區依地區區分之國際觀光旅館營業收入分析表（**表**4-3、**表**4-4）列出，讀者可參考之。

國際觀光旅館營業收入一九九七至二○○一年平均值為：

1.客房收入約占36％。
2.餐飲收入約占47％。
3.服務費收入約占6％。
4.其他收入約占11％（含夜總會、洗衣、店舖收入）。

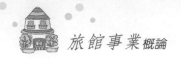

表4-3　一九九七至二○○一年營業收入結構表

單位：百分比

科目類別	平均值	2001	2000	1999	1998	1997
營業收入	100.00	100.00	100.00	100.00	100.00	100.00
1.客房收入	35.88	37.88	35.61	35.28	35.59	35.06
2.餐飲收入	46.55	44.95	47.37	47.24	45.80	47.38
3.洗衣收入	0.57	0.49	0.57	0.60	0.60	0.60
4.店鋪租金收入	2.61	3.25	2.50	2.50	2.42	2.36
5.附屬營業收入	3.12	2.29	3.06	3.38	3.99	2.90
6.服務費收入	6.29	5.71	6.31	6.23	6.55	6.64
7.夜總會收入	0.69	0.55	0.59	0.72	0.89	0.72
8.其他收入	4.29	4.88	3.99	4.07	4.17	4.34

資料來源：交通部觀光局，一九九七至二○○一年台灣區國際觀光旅館營運分析
報告。

表4-4　二○○一年國際觀光旅館營業收入分析表（依地區別區分）

單位：新台幣（元）

地區	營業收入	所占比率	旅館數	平均營業收入
台北地區	21,299,088,600	68.11%	24	887,462,025
高雄地區	3,458,608,307	11.06%	8	432,326,038
台中地區	2,148,410,030	6.87%	6	358,068,338
花蓮地區	775,404,745	2.48%	4	193,851,186
風景區	1,822,259,272	5.83%	7	260,322,753
桃竹苗地區	1,450,892,375	4.64%	5	290,178,475
其他地區	317,369,636	1.01%	1	317,369,636
合計	31,272,032,965	100.00%	55	568,582,418

資料來源：交通部觀光局，二○○一年台灣地區國際觀光旅館營運分析報告。

第三節　營業支出結構分析

　　營業支出項目大致可區分為薪資及相關費用、餐飲成本、洗衣成本、水電費、燃料費、折舊費、修繕維護費……等（如**表**4-5）。

　　營業支出之各項科目定義如下：

1. 薪資及相關費用：包括職工薪資、獎金、退休金、伙食費、加班費、勞保費、福利費等。凡將服務費收入分配與職工者，應將分配金額併入本科目內。

2. 餐飲成本：指有關餐食、點心、酒類、飲料等直接原料及運雜費支出。

3. 洗衣成本：凡供洗燙衣物所需之原料及藥品等支出。

4. 其他營業成本：凡不屬於薪資、餐飲成本及洗衣成本之直接成本均可列入。

5. 燃料費：包括鍋爐油料及瓦斯等費用支出。

6. 稅捐：包括營業稅（連同附徵之印花稅及教育捐）、房屋稅、地價稅、汽車牌照稅、進口稅等。

7. 廣告宣傳：為擴展業務、促進銷售的宣傳活動費、報刊廣告費、出版宣傳手冊等費用。

8. 營業外支出：利息支出、報廢損失、財產交易損失、兌換損失等。

9. 其他費用：郵票、香煙成本、電報、電話費、律師費、會審費、清潔消毒費。

　　營業支出是旅館經營績效良窳的主要標竿，除我國觀光資

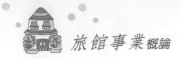

表4-5　一九九七至二○○一年支出占總營業收入比例結構表

單位：百分比（%）

科目類別	平均值	2001	2000	1999	1998	1997
一、總營業收入	100.00	100.00	100.00	100.00	100.00	100.00
1.薪資相關費用	32.53	31.97	32.03	32.51	32.34	33.78
2.餐飲成本	17.14	17.05	17.29	17.28	16.54	17.55
3.洗衣成本	0.44	0.48	0.28	0.51	0.66	0.25
4.其他營業成本	3.12	2.41	2.20	3.29	2.81	4.90
5.電費	1.97	2.18	2.06	2.00	1.83	1.77
6.水費	0.36	0.40	0.35	0.36	0.38	0.30
7.燃料費	0.80	0.94	0.86	0.73	0.76	0.72
8.保險費	0.95	1.07	0.91	0.83	1.02	0.94
9.折舊	9.37	10.73	9.31	9.78	9.29	7.76
10.租金	5.35	6.07	5.95	5.36	5.41	3.98
11.稅捐	2.43	2.54	2.64	2.27	2.48	2.24
12.廣告宣傳	1.41	1.27	1.36	1.45	1.44	1.54
13.修繕維護	1.73	1.57	1.69	1.91	1.75	1.71
14.其他費用	12.71	14.04	12.60	12.06	12.59	12.28
15.各項攤提	0.24	0.15	0.25	0.52	0.26	0
16.營業外支出	6.70	6.49	7.56	7.30	7.95	4.19
二、營業利益	2.76	0.64	2.67	1.86	2.50	6.11

資料來源：交通部觀光局，一九九七至二○○一年台灣區國際觀光旅館營運分析報告。

　　料外，特別提供日本旅館協會資料以利比較，唯本表所列之百分比乃一統計參考數值，讀者應依您所在旅館特性，自行調整之（如表4-6、表4-7）。

表4-6　營業收支的項目──支出

項目		計算方法	摘要
材料費	客房部門	客房附帶收入70%	
	餐飲部門	餐飲宴會收入×30%～40%	·飲料低約20%～30% ·用餐高約30%～50%
	宴會部門	宴會附帶收入×70%	
人事費	直接人事費	正式職工人數×年給 臨時僱員人數×年給	·薪資、獎金等（地域不同） ·臨時僱員之計算以8小時／1人 ·人員設定服務品質、客房間數、餐飲、宴會設施規模及內容不同互異，以客房間數約每間0.2～1.3計 ·人事費的總額，約占營業額的30%
	間接人事費	直接人事費×10%	·福利保險等費用
營業經費	客房部門支出	水費、光熱費＝客房收入×10～15% 布巾費＝住宿人×單價 清潔費＝使用間數×單價 消耗品＝房客收入×3%	·布巾費是床單罩等清洗費用 ·清潔費是作床及清潔等費用
	餐飲、宴會部門支出	水費、光熱費、餐飲、宴會收入×3～5%。布巾費、清潔費＝餐飲宴會收入2%～3%	·水費、光熱費等近年來所占的比重略高，希望能節約能源達20%
	廣告宣傳費	飯店營業收入×2%～5%	·加盟式經營的話，盟主有部分提供宣傳，可減低費用
	事務費其他	飯店營業收入×2%～5%	·事務費、通信費、旅費、交通費、清理費、雜費等
修繕維持費		建築工程費×1%～2%	·含火災保險費
經營指導費		同盟式＝總收入×2% 委託式＝總收入×3%	·另詳Royalty計算表
雜項支出		資產自有＝固定資產稅 借地、租賃＝地價房租	·停車場收費等與營業無直接關係之收入 ·出租店鋪租金約占營業額的3%～10%

資料來源：日本旅館協會。

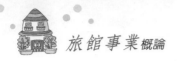

表4-7 營業收支的項目──收入

項目		計算方法	摘要
客房部門收入	客房收入	房間數×住宿費×住客率×365天	・依下列幾點設定住宿費 1.市場（其他飯店住宿費的調查） 2.免稅店（商業型飯店等） 3.企業的出差費用（商業型飯店等） 4.客房面積（每平方公尺的單價） ・住客率70％以上，但初期二年內以70％以下計算
	服務費	住宿費×10％	・商業型飯店服務費不算
	附帶收入	住宿費×5％～10％	・冰箱、按摩、洗衣、電話等其他附屬收入
餐飲部門收入	各餐廳收入	席數×占席數×回轉率×單價×365天	・客滿亦以80％來計算 ・回轉率以食品的種類品質、外來客、營業時間等來決定 ・各餐廳以早餐、中餐、晚餐等分別計算（飲茶、點心及BAR等另計）
	早餐收入	住客數×使用率×單價×365天	・以住宿客室的30％～50％計算 ・以有營業之中餐或咖啡廳為主 ・客房服務另計約5％～15％
	服務費	各餐廳收入×10％	・各餐廳及BAR約以10％計算
宴會部門收入	婚禮收入	年間婚禮組數×一組人數×單價	・一組婚禮的人數單價，依地區不同差別亦大 ・通常60～100人／組，200～300人／組計
	一般宴會	年間婚禮組數×一組人數×單價	・依宴會應收容率0.5～1次／天 ・一組人數15～50組計 ・酒會單價比婚宴低
	服務費	宴會收入×10％	
	附帶收入	年間出租數×一組人數×單價	・演講展示出租場地 ・依宴會廳收容率0.3～0.5計
租賃收入		出租面積×月租賃單價×12月	・店鋪租賃的收入
其他營業收入			・游泳、健身、三溫暖等其他收入
雜項收入			・停車場收費等營業無直接關係之收入

資料來源：日本旅館協會。

第四節　二○○一年觀光統計分析

　　來台觀光旅客的人數，將直接影響到觀光旅館業的經營，經營者首先必須對歷年來台觀光旅客人數的變化具有通盤性的瞭解。

　　二○○一年來台灣觀光旅客為2,617,137人次，比二○○○年減少6,900人次，負成長0.3％；二○○一年日本旅客為1,345,663人，亞洲旅客570,204人，北美旅客452,255人，歐洲旅客269,042人，華僑旅客186,585人，澳洲旅客為56,823人，其他國籍旅客143,266人。

　　二○○一年五十五家國際觀光旅館，共有住客5,134,024人，而本國旅客為2,110,186人，占住宿旅客總數的41.10％。

　　與二○○○年比較，住宿旅客國籍中，二○○一年本國旅客增加69,646人，成長3.41％；日本旅客增加97,002人，成長7.77％；亞洲旅客增加57,930人，成長11.31％；華僑旅客增加773人，成長0.42％；另外，北美旅客較二○○○年減少56,079人，負成長11.03％；歐洲旅客減少57,344人，負成長17.57％；其他國籍減少15,524人，負成長9.77％；澳洲旅客減少5,271人，負成長8.49％。

　　由**表4-8**資料可知，來台觀光旅客由一九五六年的14,974人，增到二○○一年的2,617,137人次，成長174.8倍。其中外籍旅客由11,734人增至2,291,871人次，成長195.3倍；華僑旅客由3,240人次增至325,266人次，成長100.4倍。早期觀光客成長頗為迅速，近年的成長較緩慢。

　　二○○一年國際觀光旅館之平均住用率為62.37％，較二○

表4-8　歷年來台觀光旅客統計（1956～2001）

年別	總計			外籍旅客			華僑旅客		
	人數	成長率	指數	人數	成長率	占總計百分比	人數	成長率	占總計百分比
1956	14,974	—	100.0	11,734	—	78.4	3,240	—	21.6
1957	18,159	21.3	121.3	14,068	19.9	77.5	4,091	26.3	22.5
1958	16,709	-8.0	111.6	15,557	10.6	93.1	1,152	-71.8	6.9
1959	19,328	15.7	129.1	17,634	13.4	91.2	1,694	47.0	8.8
1960	23,636	22.3	157.8	20,796	17.9	88.0	2,840	67.7	12.0
1961	42,205	78.6	281.9	34,831	67.5	82.5	7,374	159.6	17.5
1962	52,304	23.9	349.3	44,625	28.1	85.3	7,679	4.1	14.7
1963	72,024	37.7	481.0	61,348	37.5	85.2	10,676	39.0	14.8
1964	95,481	32.6	637.6	83,017	35.3	86.9	12,464	16.7	13.1
1965	133,666	40.0	892.7	118,460	42.7	88.6	15,206	22.0	11.4
1966	182,948	36.9	1,221.8	160,279	35.3	87.6	22,669	49.1	12.4
1967	253,248	38.4	1,691.3	198,218	23.7	78.3	55,030	142.8	21.7
1968	301,770	19.2	2,015.3	250,599	26.4	83.0	51,171	-7.0	17.0
1969	371,473	23.1	2,480.8	321,188	28.2	86.5	50,285	-1.7	13.5
1970	472,452	27.2	3,155.2	409,756	27.6	86.7	62,696	24.7	13.3
1971	539,755	14.2	3,604.6	466,570	13.9	86.4	73,186	16.7	13.6
1972	580,033	7.5	3,873.6	499,715	7.1	86.1	80,318	9.7	13.9
1973	824,393	42.1	5,505.5	703,775	40.8	85.4	120,618	50.2	14.6
1974	819,821	-0.6	5,475.0	702,963	-0.1	85.7	116,858	-3.1	14.3
1975	853,140	4.1	5,697.5	715,630	1.8	83.9	137,510	17.7	16.1
1976	1,008,126	18.2	6,732.5	853,875	19.3	84.7	154,251	12.2	15.3
1977	1,110,182	10.1	7,414.1	933,936	9.4	84.1	176,246	14.3	15.9
1978	1,270,977	14.5	8,487.9	1,045,916	12.0	82.3	225,061	27.7	17.7
1979	1,340,382	5.5	8,951.4	1,096,735	4.9	81.8	243,647	8.3	18.2
1980	1,393,254	3.9	9,304.5	1,111,130	1.3	79.8	282,124	15.8	20.2
1981	1,409,465	1.2	9,412.8	1,116,008	0.4	79.2	293,457	4.0	20.8
1982	1,419,178	0.7	9,477.6	1,111,406	-0.4	78.3	307,772	4.9	21.7
1983	1,457,404	2.7	9,732.9	1,116,791	5.0	80.1	290,613	-5.6	19.9
1984	1,516,138	4.0	10,125.1	1,227,450	5.2	81.0	288,688	-0.7	19.0
1985	1,451,659	-4.3	9,694.5	1,195,443	-2.6	82.4	256,216	-11.3	17.6
1986	1,610,385	10.9	10,754.5	1,333,315	11.5	82.8	277,070	8.1	17.2
1987	1,760,948	9.3	11,760.0	1,510,972	13.3	85.8	249,976	-9.8	14.2
1988	1,935,134	9.9	12,923.3	1,696,677	12.3	87.7	238,457	-4.6	12.3
1989	2,004,126	3.6	13,384.0	1,768,541	4.2	88.2	235,585	-1.2	11.8
1990	1,934,084	-3.5	12,916.3	1,712,680	-3.2	88.6	221,404	-6.0	11.4
1991	1,854,506	-4.1	12,384.8	1,649,448	-4.9	87.9	225,058	1.7	12.1
1992	1,873,327	1.0	12,510.5	1,649,726	1.2	88.1	223,601	-0.6	11.9
1993	1,850,214	-1.2	12,365.2	1,601,228	-2.9	86.5	248,986	11.4	13.5
1994	2,127,249	15.0	14,206.3	1,856,685	16.0	87.3	270,564	8.7	12.7
1995	2,331,934	9.6	15,573.2	2,066,333	11.3	88.6	265,601	-1.8	11.4
1996	2,358,221	1.1	15,748.8	2,088,539	1.1	88.6	269,682	1.5	11.4
1997	2,372,232	0.6	15,842.3	2,115,641	1.3	88.6	256,591	-4.9	11.4
1998	2,298,706	-3.1	15,351.3	2,031,811	-4.0	89.2	266,895	4.0	10.8
1999	2,411,248	4.9	16,102.9	2,115,653	4.1	87.7	295,595	0.1	12.3
2000	2,624,037	8.8	17,524.0	2,310,670	9.2	88.1	313,367	6.0	11.9
2001	2,617,137	-0.3	17,477.9	2,291,871	-0.8	87.6	325,266	3.8	12.4

資料來源：交通部觀光局。

○○年的65.06％減少2.6％；就地區而言，其他地區之平均住用率較二○○○年減少7.72％，降幅最大；二○○一年平均房價為3,084元，較二○○○年減少25元，負成長0.86％。

二○○一年國際觀光旅館平均住用率以晶華酒店、福華及遠東國際大飯店分占前三名；總營業收入方面則由台北凱悅、晶華酒店及福華大飯店名列前三名。

週休二日實施後，國人休閒時間增加，加上國人消費能力提升，使得國際觀光旅館主要客源已由外國旅客轉為本國旅客。

由統計資料顯示，五十五家國際觀光旅館住客為5,134,024人，較二○○○年的5,043,891人增加91,133人，成長1.81％。其中本國旅客占41.10％，日本旅客居次占26.21％，其次為亞洲、北美、歐洲及華僑旅客，依序占11.11％、8.81％、5.24％、3.63％。

二十一世紀的到來，民眾對休閒品質要求提高，觀光產業的發展即將隨著高科技產業之蓬勃，邁向新紀元。觀光的推動需要民間企業的參與。推展觀光應是全民運動，國人更要致力營造良好的觀光旅遊環境，重塑台灣良好國際新形象。

管理經驗與格言

斯塔特勒（Statler）的經營哲學

　　美國旅館家埃爾斯沃思・密爾頓・斯塔特勒（Ellsworth Milton Statler），一八六三年出生於美國的賓夕法尼亞州。斯塔特勒先生是把豪華貴族型飯店時代真正推進到現代產業階段的商業型飯店時代的鼻祖。他的經營方法與里茲先生迥然不同，他的成功經驗之一是：在一般民眾能夠負擔得起的價格內提供必要的舒適、服務與清潔的新型商業飯店，或者說，在合理成本價格限制下，儘可能為顧客提供更多的滿足。

　　斯塔特勒先生建造並經營的第一家正規飯店是舉世聞名的布法羅斯塔特勒飯店（Buffalo Statler Hotel），該飯店一九○八年開業，擁有三百間客房，它在美國首次推出了每間客房配備浴室的新款式。斯塔特勒先生的推銷口號是「帶浴室的房間只要一美元半」（A ROOM AND A BATH FOR A DOLLAR AND A HALF）。這家飯店在開業第一年就獲利三萬美元。而且，斯塔特勒先生也迫使他的競爭對手們不得不仿效他的方式，來改革自己的旅館，以保住自己已有的市場占有率。

　　儘管飯店價格低廉，但卻能獲利。在當時，他的經營方法從許多意義上來說是創新的。現在世界上的飯店之所以能如此合理、簡潔，許多地分也可歸功於斯塔特勒先生的貢獻。他想到的「最好服務」是「方便的、舒適的、價格合理的服務」，並且以民眾力所能及的價格提供這一切。為了實現低價格，他在建築結構、客房與廚房設計、

使用的器具設備、工作人員的組織結構和工作內容、成本管理以及其它經營管理體制方面，在提倡效率的前提下，都推行徹底的簡單化（單純化）、標準化（規格化）和科學性的計數管理。但是，這並不意味著他想放棄服務，而是他在想方設法提高服務的同時，實現各方面的合理化。

事實上，直至現代，斯塔特勒先生的飯店在美國飯店業中仍是設施、設備和服務方面的典範。例如，門鎖與門把手合成一體，鑰匙就設在門把手中間，使客人在暗處也容易打開門鎖，還有客房電話、開門同時能自動照明的大型壁櫥、每間客房配備浴室、浴室內裝大鏡子、冰水專用龍頭、免費給各房間送報紙等等，諸如此類現代飯店所必備的設施設備都是由斯塔特勒先生一手創立的。

爲實現在客房內安裝浴室的計畫，斯塔特勒先生首創了用一組給排水管同時供給相鄰的兩個客房的用水形式，這在後來被稱爲斯塔特勒式配管，得到了普遍的運用。

另外，斯塔特勒先生大批訂購標準化的器具，利用大規模訂貨的長處，削減費用。爲了進一步做好成本管制，他破例聘用大學的經營學教授。

斯塔特勒先生成功的經驗之二是，強調飯店位置（location），對任何旅館來說，取得成功的三個最重要的因素是「地點、地點、地點」。尋找適宜的地點來建造旅館是他一生的信條。但是，他說的地點選擇，不僅要看當時，而且要看到未來的發展，要把旅館設計在未來繁榮的街道上。如一九一六年，他看準了賓夕法尼亞鐵路公司在紐約建造新客運車站的機會，決心在那裏建起一棟大旅館。

　　該旅館地上十六層，地下三層，擁有兩千兩百間全部帶浴室的客房，總造價為一千兩百萬美元。這就是世界上最大的旅館——賓夕法尼亞旅館（Pennsylvania Hotel），人們稱為紐約斯塔特勒旅館。這棟旅館是由賓夕法尼亞鐵路公司出資建造，斯塔特勒租賃經營的。

　　賓夕法尼亞旅館於一九一九年一月二十五日正式開業。不久，戰後經濟危機席捲美國，旅館業最先受到打擊，不少旅館宣布破產。可是紐約斯塔特勒旅館由於位置好，從它開業那天起到十年後經濟危機最嚴重的時期，其客房出租率一直維持在90%以上，除交付鐵路公司一百萬美元的租金外，每年還有純利潤兩百至三百萬美元。

　　斯塔特勒先生的格言是：客人永遠是對的（The guest is always right）。在斯塔特勒旅館員工人手一冊的《斯塔特勒服務守則》上，他寫道：一個好的旅館，它的職責就是要比世界上任何其他旅館更能使顧客滿意。旅館服務，指的是一位雇員對客人所表示的謙恭的、有效的關心程度。任何員工不得在任何問題上與客人爭執、他必須立即設法使客人滿意，或者請他的上司來做到這一點。

　　從現代飯店發展史來看，與豪華貴族型飯店不同的商業型飯店究竟具有什麼樣的特點呢？首先，它的市場寬廣，它的顧客是一般的民眾。第二是旅行者的目的主要是商務旅行，所以飯店主要被商務客人使用。第三是為了實現低價，實行成本控制型管理。在一定的費用範圍內，為商務客人提供高質量的設施和服務。這已經體現了薄利多銷的意圖，同時，聯營飯店的經營方式也得到了推廣。

　　斯塔特勒先生在一九二八年他六十五歲時去世。當時

他已建成了擁有七千兩百五十間客房的斯塔特勒飯店集團。在一九二九年經濟大蕭條時，美國85％的飯店面臨倒閉的困境，以斯塔特勒先生的遺孀為總裁的斯塔特勒飯店集團卻生意興隆，在以後的二十六年間，斯塔特勒先生的遺孀穩坐總裁寶座，並使斯塔特勒飯店集團的規模有所擴展，發展到擁有客房一萬零四百間。一九五四年，全部飯店以1.11億美元出售給了希爾頓集團，富有光榮歷史的斯塔特勒飯店打上了休止符號。

第五章　觀光旅館投資計畫

第一節　旅館投資的特性

　　旅館投資具有相當大的資金凝聚的特性，有別於一般製造業及金融服務業，茲分述如下：

1. 旅館投資金額龐大，而回收時間又漫長，除土地成本之外，其建築總成本回收時間長達十年，甚至十五年。

2. 必須先行投資鉅額成本，花費多年籌建時間，俟開業後才開始回收，加以開業後半年時間，一方面要支付大筆工程尾款，而生意又未能安全上軌道，收入無法穩定，經常使投資者心力交瘁，因此，特別應重視資金規劃，以免日後勞累。

3. 一般企業之投資，係以投資設備為主，以便製造產品，而旅館投資之設備，本身即為商品，直接與顧客發生接觸，因此購買的設備及各項用品，必須在品質與耐用性方面多做考量，以期達到預期效果。

4. 旅館所在位置無法更動，必須在投資伊始，先行預估未來經濟發展動向，否則容易在數年之後，發生經營上的困擾，如停車空間問題即為一例，因此，在興建之初，即應考慮二期工程土地取得或其他相關事宜。

5. 構成旅館的主要商品是環境、設備、餐飲及服務，顧客再度的光臨是旅館商品功能的最大發揮，如果沒有具備獨特的經營方針與對市場需求的因應，便無法長期掌握市場利基，因此，專業化的設計及經營人才成為旅館投資者最應重視的課題。

6.旅館是生活化的投資，表面而言，業主對各種設備、建材、顏色、氣氛，很容易持有主觀的看法，因為每個企業人士均有住旅館的經驗，然而旅館是提供給顧客使用的商品，為了達成投資者經濟利益之期望，是否尊重專家意見往往成為旅館日後成敗的主要關鍵。

7.投資旅館事業對社會地位及知名度提升助益良多，一旦建物完成開始營業後，其相關企業均可獲益，尤以建築業者為甚。

8.旅館資產保值又增值，是世代相傳的行業，對企業家而言，是最佳永久性產業。

第二節　市場調查的內容

　　旅館既然有諸多經濟特性，吾人在投資之初，自然必須審慎處理，基本上，有大的外在景氣因素與旅館所在地的周邊條件要逐項去瞭解。

　　在此必須特別強調的，景氣因素是一個循環體，在世局穩定情況下，低迷的景氣反而是投資興建旅館的良機，主要因為旅館籌建約需兩年至四年期間，利用景氣較差時，購置大量設備成本較低，勞動資源也較易取得，工程進度不易延誤，總投資成本相對減少，正好旅館開業時可趕上景氣復甦，這是投資旅館最主要的成本理念。

　　有關市場調查內容，各公司作法不一，本書羅列其中主要項目於下：

一、掌握都市大環境的特徵性

包括的項目為地區位置及特色、人口、產業種別構成、各企業的狀況、國民所得的高低、交通的立地條件、工商圈範圍、開發計畫及其他吸引觀光客的條件,茲分述於後:

■廣泛地區位置及特色

1.有關區域範圍內,該區域人民之消費能力。
2.全國性的比較下,成長條件係數。
3.與大環境經濟圈的關係、其他。

■人口

1.居住人口、經濟圈人口、潛在消費人口。
2.上項的人口遷移及增減原因。

■產業種別構成

產業種別構成屬於何種都市型態(商業型、觀光型、消費型、政治型或生產型)。

1.業種類別、商店數量。
2.產業種別就業數量及其遷移或增減的理由。

■各事業、企業的狀況

1.規模種別、企業公司數量(三百人以上企業公司的狀況)。
2.從業人員數量的遷移及增減理由。

■各政府機構、國有、民營主要事業公司的狀況

既有、現存或新規劃預定開設（工廠、公司）之狀況。

■各業種營業額及加工製品出貨量

大盤商、零售商、餐飲業的營業額，工業出貨量的遷移、成長率，及增減理由。

■國民所得水準

國民所得水準的高低決定市場價格定位。

■交通上的立地條件

交通上的立地條件包括對外交通工具及集散條件（如港口、航空站等）：

1.進出客數量。
2.鐵路、公路、其他乘客進出數量。
3.小客車、自用車擁有輛數。
4.上項的遷移及增減理由。

■掌握工商圈範圍

1.預測工商圈內周邊都市的調查。
2.從周邊都市的進出動向調查。
3.周邊都市設施及住宿狀況的調查。

■將來是否有開發計畫

1.主要輸送系統（捷運、航空站、港口等）的預定計畫。
2.其他預定大規模開發計畫。

■其他吸引觀光客的條件

1.地方性的風俗或特性。

2.餐飲消費情形。

3.勞動供給力及人事經費。

4.食品、備品、布巾供給的狀況。

二、各種市場調查

　　主要包括住宿市場，餐飲市場，婚禮、宴會市場的狀況，及主要宴會設施的調查等項目，茲分述如下：

■住宿市場的狀況

1.進出客數：

　　(1)年間住宿人數及其進展。

　　(2)住宿目的、路線。

　　(3)住宿人數的成長率及增減理由。

2.市內及周邊都市住宿設施的概況：

　　(1)飯店、旅館數量及設施內容（停車空間調查為都市型旅館主要瞭解項目）。

　　(2)住宿支用、客層、人力狀況。

　　(3)季節變動等。

3.競爭對象設施的調查：

　　(1)營業狀況、特色。

　　(2)新規模計畫飯店的推出。

4.主要事業、企業、公司的住宿狀況調查：

　　(1)預測工商圈內的主要企業公司之住宿需求及住宿場

所，其他設施的利用名稱。

(2)實際執行徵信測驗之調查。

5.當地的住宿圈內調查：到現有既存的住宿設施實地調查取材、其他。

■餐飲市場的狀況

1.市內餐飲地帶的調查：餐飲種類、特色、營業傾向、客層、單價、營業額。

2.主要餐飲店的調查：

(1)立地條件。

(2)營業規模、特色。

(3)客層、客數。

(4)營業時間狀況及回轉率。

(5)消費單價、預測營業額。

(6)菜單、其他。

■婚禮、宴會市場的狀況

1.年間婚禮組數及其進展。

2.市內及預測工商圈內婚齡的狀況。

3.市內及周邊都市的婚禮、宴會設施之狀況。

(1)設施內容、規模。

(2)人力狀況、消費單價。

(3)新規模設施計畫等。

4.主要集（宴）會設施的調查：

(1)立地、設施內容。

(2)最大宴會場所的規模。

(3)料理的提供（中、西、日式）。

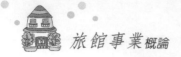

(4)使用目的類別、件數及進展。

(5)每月變動及營業額。

(6)宴會的餐飲單價。

(7)使用客層的範圍。

(8)每件（組）的使用人數（婚禮、一般、會議等）。

5.主要事業、企業、公司之集（宴）會需要的動向。

6.當地舉行之集（宴）會客層的狀況，既存設施及交通條件等。

三、計畫場所的評估

包括的項目為交通條件、基地用地條件、計畫場所與繁華街道的位置關係，及周邊環境與設施等，分述於下：

■交通條件

1.交通方式、種類。

2.與主要交通站之距離、路線。

3.計程車費用等。

■基地用地條件

1.引導線路的方法。

2.交流道路的條件。

3.入口道路的交通量（人、車）。

■與繁華街道的位置關係

1.距離、交通方式的種類、所需時間。

2.市政機關、商業街道的位置關係。

■周邊環境

　　1.周邊設施及環境調查。

　　2.未來周邊設施及開發計畫。

第三節　投資評估

　　資本額的大小是決定事業規模的重要因素，從作者多年籌建旅館的經驗中，發現許多業主在興建之初，有意要做得很好，於是初期發包的工程中，儘可能採購最佳品質的設備，但是後繼乏力，可能蓋了一半，就得停工籌錢，俟日後財務問題解決，再行完工，可是後期購買的設備或用品，品質相去甚遠。

　　然而，旅館投資進度中，愈晚採購的物品，卻愈在表面，換言之，早期的投資，大部分是建築部分或機房內的設備，但是在後來財務困難時所必須支付的金額，大都是客房裝修、餐廳裝潢或是提供顧客使用的備品，與顧客的滿意程度息息相關，這種花了大筆錢投資，卻無法獲得應有經濟利益的情況，十分令人痛心。

　　雖然旅館興建費用項目繁雜，使投資者在資金預估方面不易準確，但我們可以根據許多統計數字，研究出一套簡單的預估方式。

一、以客房收入為主之旅館

　　以客房收入為主之旅館，即旅館以客房為主要收入來源，

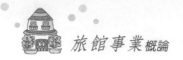
餐廳僅為附屬設施，其投資概估如下：

旅館投資總額概估＝土地款＋（房間數×每間客房裝潢及
設備平均分攤造價）

每間客房分攤造價——國際觀光旅館平均約新台幣三百至四
百萬元；一般觀光旅館平均約新台幣
兩百五十至三百五十萬元

二、餐飲及客房並重之旅館

目前國內之觀光旅館，其客房與餐飲收入已各占總收入50
％之情況。

總投資概算

土地	NT$3.0億（30％）
建築成本	6.5億（65％）
開辦費用（旅館開業前費用）	0.5億（5％）
	10.0億（100％）

＊其中土地取得成本愈來愈高，其所占總投資比
率約10％～30％之間，由取得之土地成本中，
即可反算出總投資概算。

建築成本概算——百分比僅供參考

項目	百分比（%）	平均比率	金額
1.整地及雜項工程	1-3	2%	6.5億×2%
2.建築工程	42-52	47	
3.電機工程	5-9	7	
4.給水、排水、衛生、消防工程	6-10	8	
	8-12	10	
5.空調工程	10-14	12	
6.室內裝潢工程	5-8	6.5	
7.家具、窗簾、地毯等備品	2-4	3	
8.電梯工程	2-8	2.5	
9.廚房、洗衣設備			
10.工程管理（含建築設計、監造）	1-3	2	
建築成本總額		100%	6.5億

三、利用反算法來求算投資金額之多寡

　　根據統計顯示，一間客房的造價之千分之一為客房出租之房價，由此一觀念，我們可以從市場調查中，先求得旅館預定地點附近之旅館房價（根據數家旅館定價與設備規模之比較後取得一個合理房價），並加以分析，從房價中反算其相對造價，可以做為自己投資的參考。

　　例：若要求客房出租房價可以達新台幣3,000元，要建200間客房的旅館，試估算其客房部分之總造價及投資總額。

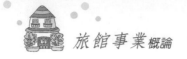

NT$3,000元×1000倍＝NT$3,000,000（平均客房造價為新台幣300萬元）

300萬元×200間客房＝6億元（客房部分總造價）

（客房部分總造價＋土地款）× 1.15＝旅館投資總額概估

其中15％可解釋爲一個安全係數值，當然，在投資之初，對於資金來源以比較保守的態度來評估，可減少日後投資不足時的困擾。切記，各項設備之採購以前，應有一定比例的預算，實際上價格若較原本預估高，要想辦法在其他部分減扣，否則對業主較爲不利。

第四節　經營型態規劃

型態規劃，係因旅館投資耗費龐大，許多企業無法單獨承擔，加以觀光市場的國際化，有財力的業主，不見得有能力經營，於是出現權能區分的現象。所有權與經營權可因雙方的需要予以搭配，而產生下列經營型態：(1)自資自營方式（Independent）：(2)租賃營業方式（Lease）；(3)委託經營方式（Management Contract）；(4)掛名加盟連鎖方式（Franchise）；(5)互惠連盟方式（Referral）。茲分別說明如下：

一、自資自營方式（Independent）

飯店事業體除擁有飯店資產外，並自行經營產業，如國賓、福華、華國、兄弟、環亞等大部分旅館均屬之。

　　依飯店的特性，事業主體有經營權、管理權及所有權的分別。

■**經營權**

　　經營權的內容包括如下：

1.資金調度。
2.股權分配。
3.人事運用。
4.營業損益決算之管制與因應。
5.營業有關之預算資金的運用權。

■**管理權**

　　管理權的項目為：

1.旅館客房、餐飲、宴會廳及其營業相關之業務運作（含人事）。
2.經營上所需之會計、出納、財務及採購作業。
3.業務推廣與行銷促進。

■**所有權**

　　所有權指旅館資產之擁有權。

二、租賃營業方式

經營者因本身無法擁有該飯店之產業，乃以租賃方式處理，如來來飯店與國泰人壽之關係。

有些財團因本身企業體龐大，為了管理上方便，或節稅的理由，或因家族分產因素，另行成立一家管理公司，以租賃方式向原所有權人承租經營，法律上是兩家公司，事實上仍有自資自營的性質。

■租金計算方式

租金計算有以下幾種方式：

1. 固定租金方式：最普遍採用的方式，租借者向所有者每月固定支付固定租金，連同保證金、押金存進的情況較多，租金大約每三年至四年調整。
2. 營業比率方式：依營業額度一定的比率來支付租金的方式。但與所有者間具有共同營業的性格色彩存在，在飯店業界的案例中極少見到。

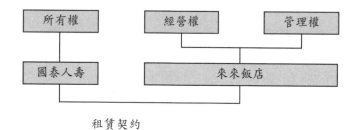

租賃契約

＊來來飯店於二○○三年更名為喜來登大飯店。

3.併用方式：基本上有固定的租金外，另營業額超過定額時，再依比率計算租金的併用方式。擁有飯店的部分保險業者，採用此方法較多。

■固定租金及實際租金

計算租金時，應將保證金部分之利息計入。

例：固定租金：保證金10萬／坪，租金1,000／月／坪，一般以此類推計算之。

實際租金：保證金、押金的利息加上租金稱實際租金。

若以年息9%計，則：

100,000元×9%／12月＝750元／月／坪

1,000元＋750元＝1,750元／月／坪

■工事方面

租賃型方式的情況，因擁有資產伴隨資金的負擔，所以區分為出租人負擔及承租人負擔兩部分。因此發包也以此基本為原則，而分別執行。一般考量在營業上比較短期間內，必須要更新模樣的部分或動產的部分，由承租人負擔情況較多。雙方亦必須議定租約到期解約時，其中承租人所支付之固定設備處理原則，以免日後發生爭執（如**表5-1**）。

三、委託經營方式

委託經營方式係飯店事業體沒有營業的技術，委託第三者經營的型態：

1.國內以台北凱撒（希爾頓）及君悅（凱悅）為代表。

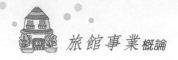

表5-1　租賃營業方式雙方責任區分參考表

工程內容		出租人（業主）負擔	承租人（經營者）負擔
部門	位置		
外圍	引導道路	○	
	隔鄰界壁	○	
	車道、人行道	○	
	旗竿、花檯箱		○
	造園、植栽、盆栽附帶設備	水源、電源屋外一公尺內配管為止	造園、植栽、灑水、照明等附帶設備
	正面步道或道路復舊	○	
結構體		○	
外裝		○	
內部(1) 客房部門	內裝	水泥粉刷為止	壁紙、地毯
	浴廁		
	衣櫃		○
	床頭櫃		○
	活動家具什器		TV、立燈
	固定家具		
	自動販賣機	配管電源為止	接管及機器設備
	Powder Corner	配管為止	接管及設備
內部(1) 客房服務區	內裝	○	
	樓梯	○	
	布巾庫推車		○
	服務台、洗槽	配管電源為止	接管及機器設備
	電梯間		壁紙、地毯
內部(2) 餐飲部門	內裝	水泥粉刷為止	壁紙、地毯
	吧檯、高櫃		○
	服務櫃		○
	收銀櫃		○
	展示櫃		○
	固定家具		○
	活動家具、什器		○
	廁所	○	

（續）表5-1　租賃營業方式雙方責任區分參考表

工程內容			出租人（業主）負擔	承租人（經營者）負擔
部門		位置		
內部(2)	餐飲服務區	內裝	○	
		廚房	○	
		廁所	○	
		廚房設備		○
		家具什器備品		○
		冷凍、冷藏車	○	接管及設備
		酒庫	配管及供電爲止	接管及設備
		飲品庫	配管及供電爲止	接管及設備
		內裝		○
內部(3)	客房部門	內裝	水泥粉刷爲止	壁紙、地毯
		大活動隔屏		○
		大活動隔屏庫（間）	水泥粉刷爲止	○
		固定家具		○
		固定裝飾		○
		活動家具		○
		講台、壁飾		○
		廁所		
	宴會部服務區	內裝	水泥粉刷爲止	壁紙、地毯
		衣帽間	水泥粉刷爲止	壁紙、地毯
		廚房	○	
		廁所	○	
		廚房設備		○
		家具什器備品		○
內部(4)	公共走廊	雨庇、入口處	粉刷及地坪	大理石以外銹面裝飾
		玄關、大廳	柱貼大理石	大理石以外銹面裝飾
		櫃檯	柱貼大理石	大理石以外銹面裝飾
		花檯箱		○
		公共電話座		○
		各指示Sing		○

（續）表5-1　租賃營業方式雙方責任區分參考表

工程內容			出租人（業主）負擔	承租人（經營者）負擔
部門		位置		
內部(4)	公共走廊	各服務櫃		○
		電梯、電扶梯	○	
		壁飾、雕刻		○
		廁所	○	
		家具、什器		○
	租店部分	店舖	粉刷爲止	丙工事＊
		美容院	粉刷爲止	丙工事
		航空公司服務台	粉刷爲止	丙工事
		診所	粉刷爲止	丙工事
	後備（勤）部門	內裝	○	
		隔間		○
		家具什器		○
		備品		○
		固定裝飾		○
	設備關係室		○	同後勤部門處理
	員工更衣室		○	同後勤部門處理
	停車場		○	
		收費設備		○
	其他	廣告看板		○
		指示標、室名		○
		服務車		○
其他	建築設備	臨時電測試	○	交接後
		鄰近關係的障礙補償	○	
		政府機關之例檢及指導	有關出租人部分	有關承租人之部分

＊丙工事之定義——由承租人（經營者）爲二房東立場，再行轉租他人使用，其條件則由雙方自行議定。

（續）表5-1　租賃營業方式雙方責任區分參考表

工程內容			出租人（業主）負擔	承租人（經營者）負擔
部門		位置		
設備	搬運費	電梯	。	
		電扶梯	。	
	停車塔設備		。	
	電氣設備	受（變）電設備	。	
		發電機	。	
		電燈插座設備	。	
		燈具設備		。
		調光設備		。
		蓄電設備		。
		表示設備	配管及電源	接管及設備
		電話內線設備	配管及電源	接管及設備
		電視設備	配管及電源	接管及設備
		外線電話設備	配管及電源	接管及設備
		緊急廣播設備	。	
		一般廣播設備	配管及電源	接管及設備
		有線設備		。
		火災設備	。	
		電腦設備	配管及電源	接管及設備
		停車場管制設備	出入庫表示設備	場費系統
		電氣導入設備	。	
		電話外線設備	。	
		店鋪設備	分電盤為止	接管及設備

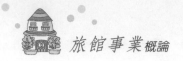

（續）表5-1　租賃營業方式雙方責任區分參考表

工程內容		出租人（業主）負擔	承租人（經營者）負擔
部門	位置		
設備	衛生設備 給排水設備	◦	
	消防設備	◦	
	廚具設備		◦
	滅火器		◦
	給排水	◦	
	瓦斯外線設備	◦	
	污水放流設備	◦	
	廚房排水處理設備	◦	
	避難設備	◦	
	店鋪	支管路爲止	丙工事＊
	空調設備 空調設備	◦	
	換氣設備	◦	
	排煙設備	◦	
	冷卻設備	◦	
	店鋪		丙工事
	廚房內配管 瓦斯配管 換氣配管 給排水配管	地理式離地面一公尺開關閥止 天花式離天花板下一公尺開關閥止	二次配管線及機器設備
	電器配管配線	分電盤止	二次配管線及機器設備
	計量用器 （電氣、衛生、空調用）		◦
其他	公共設備 電話總機設備	總機設備	電話設備
	洗衣設備	◦	
	鍋爐設備	◦	

資料來源：《觀光旅館計畫》，阮仲仁著，旺文社出版。

2.由於委託經營合約期限少者十年，多者長達二十五年，而國內業主對自己所擁有的資產，卻無權百分之百自主的煩惱，是委託經營方式無法發展的主因，加以管理公司在簽訂合約之初，往往先提出對其自身較有利的條件，使業主在未充分瞭解內容，卻因對方具有國際性知名度的安全感驅使之下，簽訂長達二十年的契約，造成業主與旅館經營者在日後漫長的歲月中成為一對怨偶。

3.台灣的前途在大陸，愈來愈多的台灣旅館管理公司將經營觸角伸向大陸，管理合約的訂定，成為雙方執行業務的依據，目前此類合約的模式坊間無法取得，為使讀者充分瞭解委託經營的特性，在本書附錄中提供一份國際觀光旅館管理合約個案，以供參酌。

4.委託經營之收費內容：

(1)技術服務費（Technical Service）：旅館籌建期間，管理公司提供經營管理政策評估、市場調查及各營業場所空間規劃之建議而收取的費用，通常由雙方議定一個固定金額，業主分期支付。

(2)基本管理費（Management Fee）：雙方議定每月（或每季）收取基本管理費，一般收取營業收入的2％～4％之間的費用。

(3)利潤分配金（Incentive Fee）：從營業毛利中抽取5％～10％利潤獎金。

　a.營業收入－營業費用（不含固定資產折舊）＝營業毛利。

　b.因折舊不含於減項之中，因此較一般財務會計之營業毛利金額為高。這些管理會計與財務會計間不同的理念，如果業主沒有充分瞭解，很容易形成雙方合作不

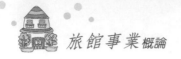

愉快的導火線。

5.受委託經營者並不能向業主保證一定賺錢,即經營者不必對是否賺錢負擔責任,這也是許多投資者不願意簽訂這種合約的原因之一。相對的,經營者要能夠有許多成功的事例,才能成為受委託者,目前全世界最有名的除了凱悅、希爾頓等系統之外,其他如假日旅館(Holiday Inn)、喜來登等,採用管理合約與加盟連鎖雙重並行方式,由業主擇一合作之。

四、掛名加盟連鎖方式

飯店事業依加盟連鎖的方式,由總部提供加盟店,技術上販賣策略、經營、營運,服務方面提供從業人員教育訓練等,並給予當地區連鎖名稱的權利代理,由連鎖系統公司收取權利金(royalty fee)(如**表5-2**)。

五、互惠連盟方式

由一群不同店名且各自獨立經營的旅館,基於購得較低價格商品及分擔較低成本的理念之下,自願以聯合採購及共同廣告,聯名接受訂房方式而合作的連鎖組織,由於它是各自獨立的旅館,因此約束力不大,唯旅館市場的競爭愈來愈大的情況下,此一結盟方式在採購物品方面較易取得合作空間,而訂房方面則因各旅館房價無法取得共識,一般僅以共同刊載廣告分擔費用為之。

表5-2　掛名連鎖飯店的費用（Royalty）計算案例

ROYALTY的費用		A店連鎖店	B店連鎖店	C店連鎖店
加盟時費用		60間Room-100萬 60間以上每間5仟元	100間Room-100萬 100間以上每間2仟元	100間Room-100萬 100間以上每間仟元
綜合企劃監修費		·約建物結構體的1.5% ·設計監理契約另計的話約上項的1/2	·總建設費（餐廳、店鋪不含）的1.5% ·餐廳店鋪（含廚房）約面積×5,000元／坪計	·總工程費（含土地備品等） 1億-1.5% 1億以上-1%
經營指導費	住宿收入	·住宿收入×3%	·客房收入（稅金不含）×2%	·住宿收入×3%
	餐飲收入	·各餐飲（含宴會廳）×1%	·餐飲收入（稅金不含）×2%	·餐飲收入×1%
販賣促進負擔費		·住宿收入×2%	·客房收入（稅金不含）×2%	·委託廣告宣傳費約住宿收入×1%
其他		教育訓練費－實計 MARK LOGO－免費	保證金60萬	
備註		·ＭＡＳＴＥＲ PLAN 製作80萬以上	·事業PLAN製作	

＊上述之百分比及金額均為參考值，其中約有10%～15%的彈性係數，地理條件（Location）較佳的業主而言，宜儘量經過談判爭取有利之立場，以減少支付各項費用比例。

＊本表之目的，係讓讀者瞭解參加掛名加盟連鎖經營所需支付的各項費用。

管理經驗與格言

希爾頓的經營哲學

康拉德‧N‧希爾頓（Conrad Nicholson Hilton），一八八七年生於美國新墨西哥州的聖安東尼奧鎮。他於一九七九年一月三日病逝，享年九十二歲。自一九一九年與其母親，和一位經營牧場的朋友及一位石油商合夥買下僅有五十間客房的莫布雷（Mobley）旅館算起，他在旅館業奮鬥了六十個春秋。

一九四六年，他創立了希爾頓旅館公司（Hilton Hotel Corporation），總部設在美國加州洛杉磯的比佛利山（Beverly Hills）。一九四七年，這家公司的普通股票在紐約證券交易所註冊，這也是有史以來旅館股票第一次取得這樣的資格，希爾頓旅館公司是第一個在證券交易所註冊的旅館公司。到一九八六年底，希爾頓旅館公司已擁有二百七十一家旅館，九萬七千多間客房，居世界旅館集團的第四位，當年資產總額達十三億美元，年營業額達七億四千萬美元，擁有雇員三萬五千人，占美國最大綜合服務公司的第九十一位。

一九四九年，為了便於到世界各國去經營管理飯店，希爾頓先生又創立了作為希爾頓旅館公司子公司的希爾頓國際旅館公司（Hilton International），總部設在紐約市的第三大街。到一九九○年，希爾頓國際旅館公司在世界上四十七個國家擁有一百四十二個旅館，另外還有二十家正在建造中。台北及上海靜安希爾頓酒店都是它的成員之

一。

　　希爾頓先生生前始終擔任著希爾頓旅館公司和希爾頓國際旅館公司的董事長，他的成功經驗十分豐富。他在一九五七年出版一本自傳，書名叫《來做我的貴賓》（Be My Guest）。在書中，他認為要經營管理好飯店始終需要關注下列五個方面的問題，即人們對旅館的要求、合適的地點、設計合理、理財有方和管理優良。他特別指出，希爾頓旅館發展成功的經驗主要有以下七點：

1. 每一家旅館都要擁有自己的特性，以適應不同城市、地區的需要。要做到這一點，首先要挑選能力好、足堪勝任的總經理，同時授予他們管好旅館所必須的權力。

2. 要編列預算。希爾頓先生認為，二○年代和三○年代美國旅館業失敗的原因，是由於美國旅館業者沒有像卓越的家庭主婦那樣編列好旅館的預算。他規定，任何希爾頓旅館每個月底都必須編列當時的訂房狀況，並根據上一年同一月份的經驗數據編列下一個月的每一天的預算計畫。他認為，優秀的旅館經理都應正確地掌握：每年每天需要多少客房服務員、前廳服務員、電梯服務員、廚師和餐廳服務員等。否則，人員過剩時就會浪費金錢，人員不足時就會服務不周到，對於容易腐爛的食品的補充也是這樣。他又認為，除了完全不能預測的例外情況，旅館的決算和預算應該是大體上一致的。在每一間希爾頓旅館中，有位專職的經營分析員。他每天填寫當天的各種經營報表，內容包括收入、支出、盈

利與虧損，和累計到這一天的當月經營情況，並與上個月和上一年度同一天的相同項目的數據進行比較。這些報表送給希爾頓旅館總部，並匯總分送給各部，使有關的高級經理人員都能瞭解每天最新的經營情況。

3. 集體或大批採購。擁有數家旅館的旅館集團的大批採購肯定是有利的。當然，有些物品必須由每一家旅館自行採購，但也要注意向製造商直接大批採購。這樣做，不僅能使所採購同類物品的標準統一，價格便宜，而且也會使製造商產生以高標準來改進其產品的興趣。希爾頓旅館系統的桌布、床具、地毯、電視機、餐巾、燈泡、瓷器等二十一種商品，都是由公司在洛杉磯的採購部定貨的。每年光火柴一項，就要訂購五百萬盒，耗資二十五萬美元。由於集體或大量購買，希爾頓旅館公司節省了大量的採購費用。

4. 「要找金子，就一再地挖吧！」挖金是希爾頓先生從經營莫布雷旅館取得的經驗。他買下莫布雷旅館做的第一件事，就是要使每一平方英尺的空間產生最大的收入。他發現，當時人們需要的是床位，只要提供睡的地方就可以賺錢。因此，他就將餐廳改成客房。另外，為了提高經濟效益，他又將一張大的服務台一分為二，一半做服務台，另一半用來出售香煙與報紙。原來放棕櫚樹的一個牆角也清理出來，裝修了一個小櫃檯，出租給別人當小專賣店。當時，希爾頓先生自己還不得不經常睡在辦公室的

椅子上過夜，因爲凡是能住人的地方都住上了客人。

希爾頓先生買下華爾道夫旅館後，他把大廳內四個做裝飾用的圓柱改裝成一個個玻璃陳列架，把它租賃給紐約著名的珠寶商和香水商，每年因此可增加四萬二千美元的收入。買下朝聖者旅館後，他把地下室租給別人當倉庫，把書店改成酒吧，所有餐廳一周營業七天，夜總會裏又增設了攝影部。

5. 特別注重對優秀管理人員的培訓。希爾頓旅館公司積極選拔人才到密西根州立大學和康乃爾大學旅館管理學院進修和進行在職培訓。另外，爲了保證希爾頓旅館的品質標準和給員工成長的機會，希爾頓旅館的高級管理人員都由本系統內部的員工晉升上來，大部分旅館的經理都在本系統工作十二年以上。每當一個新的旅館開發，公司就派出一支有多年經驗的管理小分隊去主持工作，而這支小分隊的領導一般是該公司的地區副總經理。

6. 強化推銷努力。這包括有效的廣告、新聞報導、促銷、預訂和會議銷售等。

7. 希爾頓旅館間的相互訂房。隨著希爾頓系統旅館數量的增加，旅館之間的訂房越來越成爲有利的手段。希爾頓系統每個月要處理三千五百件旅館間的訂房。希爾頓先生期望，不僅要使任何住在希爾頓旅館的顧客，都能預訂到其他城市的希爾頓旅館，而且，有一天要做到使環球旅行的旅客能始終住在希爾頓的旅館裏。爲此，希爾頓旅館預訂系統早就

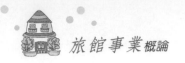

實現了全球電腦聯絡網。位於紐約市的斯塔特勒希爾頓旅館是這一系統的心臟，一個電腦控制的預訂網路把希爾頓總部與其他旅館聯繫在一起。

希爾頓先生在一九二五年到一九三○年期間，曾提出了一個經營口號：「以最少的費用，享受最多的服務」（Minimum Charge for Maximum Service）。這一口號反映了希爾頓先生對商業時代飯店經營特點的深刻認識。

希爾頓先生著名的治身格言是：勤奮、自信和微笑（Diligent, Confident and Smile）。他認為，旅館業根據顧客的需要往往要提供長時間的服務，和從事無規則時間的工作，所以勤奮是很重要的。旅館業的服務人員對賓客要笑臉相迎，但始終要有自信，因為旅館業是高尚的事業。

第六章 觀光旅館投資方案研擬

　　觀光旅館之投資需要大量資金投入，且無法於數年內回收，因此可視為一種相當冒險的投資方案，吾人於規劃初期，必須就旅館本身立地條件及對景氣預測做詳細的分析，以便適時、適地、適財地投入，以減少其風險性，尤其對於投資規模的設定更應多所瞭解。切記，並非最多金額的投資即為最佳對策，投資報酬率的權衡才是最重要的。

第一節　規模之設定

　　旅館投資者經由市場調查、資金評估及經營型態規劃的考量之後，對於自己投資旅館的規模設定已具備一定的看法，由旅館所在地進一步去瞭解基地、環境、都市計畫及公共工程等立地條件，尤其應就預定所在地之建蔽率、容積率、地段用途別、方位、周邊道路寬幅等條件，先行推算其建築面積、總樓地板面積及高度等。茲將其條列如下：

一、基地、環境與規模的相互關係

　　有關地域選定的主要重點有：

1.本地區之都市型態。
2.將來的發展計畫及每年住客的預測。
3.本地區的消費水準。
4.車站數量、鐵路、公路、高速道路、航空等交通運輸系統。
5.主要生產品的生產規模。

有關立地之選定的主要重點有：

1.主要交通運輸機構的類別。

2.城市、鄉鎮等公共工程設施的投資開發狀況（地上、下水
道、瓦斯、電氣、道路等）。

3.建設地段前面道路寬幅及附近周邊道路。

4.地段用途類別、建蔽率、容積率等建築法規的規定。

5.面積、地價。

6.其他同業競爭者及其規模、個性、業績、客層別。

7.店鋪的入店設定條件（方位、周邊道路條件）。

此外，對人文條件的瞭解，如該地域的風俗、習慣、氣
候，過去有無災害等資料調查是必要的。要設立飯店的種類
中，認清哪一種飯店類型最適合哪一種土地也是重要的課題。
是休閒性飯店、商業性飯店，或是其他性飯店之決定，必須對
照適合地域上或立地上的條件調查。

二、業主與設計者的計畫執行意見整合

(一)共同奮鬥的夥伴

飯店建築與辦公大樓、一般建築不同，除了住宿以外，還
有餐飲、購物、運動、娛樂、休閒等設施。業主及設計者間必
須要保持密切的溝通，隨時保持合作，以便與其他對手相互競
爭。

(二)與業主共同競賽的組合

首先設計者與業主彼此間要有充分瞭解及共識，特別是住

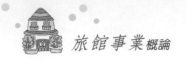

宿、飲食、遊樂、習性等相關項目，因此，共同旅行、共同遊樂、共同飲食等加深彼此間的理解及意見溝通是不可欠缺的環節。

從這觀點來看，在企劃階段時與業主共同視察幾個實例，是非常有效益的。在為視察而選擇實例的階段，首先，業主對經營方針、目標、商品等如何定位，可以用談話方式來瞭解，或者是參觀後，依互相對實例的評價交換意見等事，來瞭解業主的想法、對旅館的定位等。因此與業主間的意見溝通，在意想傳達上極為重要。業主認識設計者是良好的奮鬥夥伴，成為業主有關種種意見洽談的對象。

(三)與業主間溝通協洽

希望設立何種建築，由設計者理解業主的「意願」後，以建築的「語言」來解說表現之。業主及設計者對東西的思考基礎無法一致時，要能夠順利地協調進行，最適切的方法是多多提示有關「專業術語」，比方多開一些說明會，或一起研修有關建築等方法也是有益的（如**表6-1**）。

業主的意見需要決定時，設計者必須提出二至三個解決方案與業主溝通確認，因此業主提出意見及條件是必要的。問題難以說明解釋時，與業主一起參觀相同的建築實例，也是有效的彌補方法。依情況不同，業主及設計者間意見的對立是難以避免的，因此必須提供有關建材診斷方法分析報告，或從設計者提案給業主時，不要陷於獨斷，而必須提出客觀的各項數據，準備一切實例加以研討。

表6-1　業主及設計者的接洽進度表

整體進度表	（基本構想）　從計劃到基本計畫 → 基本設計 → 實施設計 → 工程發包 → 施工 → 完成　使用 →（交接） （申請確認）　家具、Sign　商業廣告、其他
計畫書圖類的提案	• 其他調查報告書┐ • 建築企劃報告　├ 業主 　　　　　　　　設計者 • 基本設計書、概算書 [外觀透視圖 室內透視圖]　　　　　• 書類申請　　　• 家具設計書 　　　　　　　　　• 實施設計書　　• Sign設計書 　　　　　　　　　• 施工契約書類 　　　　　　　　　　預算書 　　　　　　　　　　　　[外觀透視圖 　　　　　　　　　　　　室內主要透視圖]
依設計者的說明及會商	• 構想內容 → 基本設計方法　各部的計畫┐ 　　　　　　　建築計畫　　電氣設備計畫│ 　　　　　　　結構計畫　　空調設備計畫│ 　　　　　　　各設備計畫　衛生設備計畫├ 現場說明 　　　　　　　設計方針　　外裝設備計畫│ 　　　　　　　　　　　　　防災設計計畫│ 圖面說明 • 構成 → 商品構成計畫　內裝設計│ 　　　　　客房配置　　廚房、洗衣房┘ 　　　　　宴會配置 　　　　　餐飲配置 • 整體工程 → 設計工程┐ 　　　　　　　　　　　├ 計畫 → 施工工程的再檢討 　　　　　　　施工工程┘ 　　• 施工費概算 → 累計 　　• 建築的營運管理計畫 　　　　　　　　　　　　　• 施工監理報告 　　　　　　　　　　　　　• 各種申請書類及 　　　　　　　　　　　　　　製作廠商登記表
依業主的判斷、承認	• 業主的判斷及承認　　　• 管理體制的確定設立 • 設計監理業務的委託　　• 業主的承認 • 給予條件及設計條件的整理　• 發包作業

第二節　人力資源設定與坪效計畫

　　客房與經營兩部門為旅館投資中最主要營業收入來源，由於社會變遷與觀念的演進，此兩部門在總收入的比例也產生差異，原來客房為主的旅館行業，漸漸成為社會人士應酬及婚禮、喜慶的場所，因此宴會部門收入逐年增加，使國際觀光旅館與社區之間結合愈來愈緊密，也成為人力就業的目標，茲就其經營結構及平均使用效率加以闡述如下：

一、客房與餐飲經營結構比例

　　飯店的計畫是從住宿部門及其他部門的比率之決定開始，依照住宿占50％，餐飲及其他占50％，或是40％：60％，或是60％：40％之配比時，已決定住宿部門的規模了。因此為了設定飯店規模的大致目標，最好以中間值50％：50％的構成比率為基礎。

　　在此特別要強調的，由於台灣人口密度高，餐飲消費逐年增加，餐飲比例在都市型旅館營業收入比率逐年提升，尤其宴會廳或大型中西餐廳吸引各式宴席的使用，使旅館占用較少面積的餐飲場所之坪效，超過大量面積的客房部，因此，吾人可就市場調查資料中，對經營比率有所認識。大體上，規模較小的旅館以客房為主，規模愈大，餐飲部比率愈高，尤其單獨設有大宴會廳之旅館，如台北凱悅、來來、晶華等飯店，其客房及餐飲比率達到35％：65％。

　　總客房間數中，依經營方針設定單人房、雙人房、套房等

之比率分配。一般都市型飯店單人房較多，別墅型飯店以雙人房為主，商業型飯店是單人房占70％～80％。而最近都市型飯店也有雙人房占較多的傾向，純客房面積由十坪提升到十五坪（雙人房），浴廁面積加大，由兩坪提升到四坪（加設沖洗室將淋浴沖洗與浴缸隔開）。

　　以上簡單的說明，有關飯店的計畫是依照經營者的需求與協調，以住宿部門及其他部門之比率40％：60％或60％：40％為基準，來企劃各種型別之飯店，並一方面管理平衡收支。在有限的時間內，作有效的最終企劃之決定，比在多數的企劃案裡檢討，較來得實際。

　　由於觀光旅館已成為一個都市社區的社交中心，除客房、餐飲之外，許多都市型旅館也投資部分空間做為店鋪出租，即一般所稱的精品店，將客房、餐飲、百貨三合為一（Three in One），如晶華、福華即為範例。此種經營情況下，其總收入比率有一參考數據，即客房45％、餐飲38％、其他（店鋪）收入14％、宴會廳租金收入3％，共計100％。誠然，旅館經營方式與食、衣、住、行之關係愈來愈密切，觀光從業人員一定要有因應市場變動的適應能力才是。本書另以專章統計分析各營業收入，期使讀者具體瞭解。

　　建築物本身就是一種高級藝術的作品。同樣的飯店在同一地點上設立是不可能的事，一定有某些地方不同。飯店的企劃就是飯店建築本身的設計企劃。所有的外觀、造形、規模、姿態都有不同的方式表達，飯店營運的經營者之理想、方針、方法亦各有不同，所以從觀點上來看，完全相同的飯店是不存在的。另外，企劃者必須簡單明確地推薦各種提案的數據給經營者參考而非強制性的。

二、人力的設定

由第四章的國際觀光旅館營業支出結構分析中，吾人得知薪資費用比率高達支出比例33％左右，因此在規劃旅館經營時，不得不對人力資源特別予以重視，在各旅館因本身時空條件各有不同情況下，我們宜提出一個思考模式如下：

(一)依合理收支平衡的結構方式

從年度的收入中，提列適切的人事費用作預算，設定組織成員。標準的人力資源預算，約占營業額的25％～35％。除了正式職工之外，尚包括臨時僱員或業務委託等，每一成員以年平均薪資來計算，亦屬於預算上的人力設定。

(二)依規模設施及作業量的方式

調查都市型飯店的標準案例時，人力因勤務時間的採取方法不同，而有明顯的變化。

■住宿部門

因樓層間數、服務水準而增減，平均服務員（room-maid）：客房十至十二間為一名；客房管理員（Housekeeper）：客房服務員十至二十人為一名；櫃檯事務員（Front Clerk）：客房十五至二十五間為一名。作業量比率一小時處理件數為二十五至三十件為一名；其他門僮、服務中心等因經營方針不同而互異，平均客房四十五至五十間為一名；清潔業務：公共空間一千平方公尺為一名。

■餐飲部門

各營業時間、勞務率、業種不同而有別。標準方式是以席位數量來設定，配合勞務實態而增減。餐飲服務員：平均客席十六位（四桌）為一名。

■宴會部門

服務人員大部分視勞務狀況及季節淡旺而從人力介紹所提供臨時人員。服務員：正餐客席十至十二人為一名外，另加助理服務員一名；酒會客席十至十五人為一名；宴會關係正式職員：正餐客收三十至五十席為一名。

■調理部門

依業種、菜單內容、調理系統、尖峰時段的供給量而變動，一般可考量為服務部門定員的35%～40%，而調理部門的人事費用是餘利的10%～15%。這個額度除以調理部門的平均年收金額約等於設定的員數。

■管理部門

營業部門及管理部門的人員比率或人事費用比率亦稱為直（接）間（接）比率。而直間比率的設定，在美國的情況是9：1，日本的情況是7：1，國內依國際觀光旅館從業員數統計的資料顯示約4：1。因此國內直間部門比例有偏高的傾向。

(三)依經營方針及服務等級的方式

如前所述，除了人力設定的方向外，更需依企業方針來檢討服務品質。因此高單價、高品質的服務指向之飯店，必須要有較多的人力或高技能水準的職員。所以如果採用自助式服務（Self-Service）或較低廉費用的政策，比較客數作業量相同時，

人力負擔就減少。

營運體制隨著時代、景氣不同而變化，配合潮流確保必要的利益，以產能為基礎，執行人力的管理。就飯店的特性來說，雖是勞動密集型的產業，亦希望發揮人力互補、相乘的效果，作到人人精鍊、事事簡化的目標。

(四)勤務的編制

飯店是全天候服務的行業，因此勤務作息輪流的編制，分為早、中、晚等三班制較多。大型化規模的飯店更加細分，交替（Shift）的數量也會增加，所以各職場的作業時間，配合排班表上的尖峰時段，來決定人員配置及勤務時間表。

飯店的業務雖是二十四小時營業，但其中繁忙及清閒的差別極大，如果採用固定的配員除了經費的增加外，相對的也是生產性下降的因素。因此，依勤務交替的組合來管制配員的增減時，在人事資用上就產生極大的差異，所以宜配合各業務的實際情況多加研討。茲介紹小規模飯店的模擬資料如下：

> 例：以規模一百五十間客房的商務型飯店的櫃檯為案例，
> 　　設定條件為勞動率80％，組合設定如下：
> 　　早班　07：00～15：30　　　2名
> 　　中班　15：00～23：00　　　2名
> 　　晚班　22：30～翌日7：30　　1名

每班人員服勤重疊時間為三十分鐘，便於前後班工作交接，遇旺季時，主管彈性分配輪休時間表，挪到淡季時再連續補休。

為了維持每天含公休有五位定員，總數必要有七名，另外特別休假時，臨時補充由管理者或其他課組協助，定員的慣例

是不增加為原則。雖然作業的種類、數量、性質、尖峰時間別不同，亦需檢討排班表的配員。所以小規模的飯店，對賓客的預約、接待、受理登記、交付房鎖、信箋、留言、資訊、會計出納等業務的發生，也要有能力處理。

三、櫃檯部門二十四小時發生作業項目別件數

櫃檯部門二十四小時發生作業項目別件數，在條件為住客率80％，平均住宿天數為1.5夜下，茲分列如下：

1.Check In業務數：90件（登記、業務聯絡）。
2.櫃檯接待業務數：280件（房鎖、訪客、寄物）。
3.櫃檯後檯業務數：100件～125件（查訊、留言、業務聯絡）。
4.客房預約業務數：150件（不含電話交換）。
5.Check Out業務數：70件～90件（平均住宿1.5夜）。
6.總計：700件～800件（平均每件處理時間2.5分鐘）。

早上業務尖峰在Check Out，午後的業務尖峰在Check In，而理想的飯店配員是依業務實際情況，配合交替輪班及時刻表，評估在尖峰時段導入有專門職能之臨時員的可能。

高薪時代的來臨，飯店業的利益管理，除了利用專業職能外，亦需積極導入Part-Time之活性化，在軟體上人力的設定，必要以組織制度及實際作業的分析為基礎。唯對Part-Time人員應加強訓練，以畢業或一段時間後成為正式員工為條件來鼓勵他們正視其工作，以免影響服務品質。

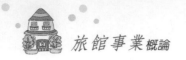

四、坪效計畫

　　飯店企劃時，關於面積的構成比率亦需考量將來的收支計畫，在美國方面，客房收入約占總收入二分之一，餐飲其他部門約占二分之一。而日本都市型飯店一般概略總收入爲客房收入爲三分之一，餐飲收入爲三分之一，另宴會其他收入爲三分之一。我國都市旅館客房收入約40％，餐飲（含宴會收入）更高達43％營業額。

　　面積構成分爲營業面積及非營業面積，計畫時可考量各占總樓地板面積一半。客房部門的淨面積約爲客房總面積的65％～70％。例如二十八平方公尺淨面積的客房有三百間時，客房淨面積爲八千四百平方公尺，客房部門總面積即爲一萬兩千至一萬三千平方公尺。餐飲部門不含廚房，每一席位以1.5～3.0平方公尺的面積計算。咖啡廳一百八十至兩百位，高級餐廳一百位，可提供良好的服務品質。宴會部門以一席位爲1.6～1.8平方公尺設定爲原則。其他非營業部門之面積，可分爲下列六部門比率計之。

■非營業面積

　　1.賓客的動線，門廳、電梯、電扶梯間、客用廁所等：18％～23％。

　　2.客務部門、布巾、洗衣房等：3％～5％。

　　3.廚房、驗收、倉品庫、冷凍室等：4％～7％。

　　4.管理部門辦公室等：3％～5％。

　　5.從業人員、餐廳、更衣、休息室等：3％～5％。

　　6.機械室、水槽、工作室等：8％～12％。

■**營業面積**

    1.客房營業面積：34％～55％。

    2.客房公共空間：8％～15％。

    3.餐場面積每人：1.5～3.0平方公尺。

    4.宴會廳每人：1.6～1.8平方公尺。

以上是簡略的概估，不以客室為主導，也不以宴會為主導，依飯店的規模設施及型別而變動。

例：客房300間，總樓地板面積為24,000平方公尺，停車場及運動設施不包含在內。

    營業面積

        客房關係：$28m^2$／間×300間＝$8,400m^2$（營業面積的70％）

        餐飲關係：酒吧二間、餐廳三間，計600人

                600人×$2m^2$／人＝$1,200m^2$（營業面積的10％）

        宴會關係：大小宴會場所＝$1,500m^2$（營業面積的13％）

        店鋪其他：收益性場所＝$900m^2$（營業面積的7％）

        合計：$12,000m^2$（營業面積的100％）

    非營業面積

        門廳、賓客走道、廁所等：$4,800m^2$（非營業面積的40％）

        洗衣、布巾、倉庫等：$960m^2$（非營業面積的8％）

        廚房、備餐室、倉品庫等：$1,440m^2$（非營業面積的12％）

管理、辦公室、電話室等：1,200m²（非營業面積的10%）

員工餐廳、更衣、休息室等：1,200m²（非營業面積的10%）

機械室、監控室、工作室等：2,400m²（非營業面積的20%）

合計：12,000m²（非營業面積的100%）

部門別每日收入計畫

客房3,500元／天×300間×0.7（住客率）＝73.5萬（收入的36.75%）

餐飲500元／人×600位×2.0（營業率）＝60萬（收入的30%）

宴會800元／人×900位×0.3（營業率）＝21.6萬（收入的10.80%）

店鋪150元／m²×900m²＝13.5萬（收入的6.75%）

其他（服務費、電話、洗衣收入）＝31.4萬（收入的15.7%）

合計：200萬（100%）／天

以上案例可略知，面積構成比率及部門別收入構成比率，雖然依每個計畫不同而有所變化，也依營業者的個性表現而不同（如表6-2）。

表6-2　國內觀光飯店面積分配比較表

單位％

區域 店別	客房	餐飲	店鋪	客房 公共	一般 公共	櫃檯	廚房	管理	機械	備註
來來大飯店	34.13	11.48	1.78	13.57	15.97	0.42	2.50	9.60	10.35	1.客房指純 　房間，不 　含走廊 2.店鋪指收 　益性租賃 　，商店 3.總樓板面 　積不含停 　車面積 4.國賓大飯 　店係高雄 　店
福華大飯店	43.85	9.63	9.74	11.78	9.67	0.43	3.16	6.54	5.20	
晶華酒店	42.83	5.65	15.14	8.08	8.35	0.22	2.32	7.50	9.80	
國賓大飯店	44.22	11.79	0.56	14.42	11.7	0.32	2.58	4.21	10.72	
老爺大飯店	42.52	4.92	0	13.93	10.18	0.44	2.03	13.46	12.52	
凱撒大飯店	51.64	6.71	1.86	14.73	8.95	0.18	2.23	8.11	5.59	
中信大飯店	48.05	8.2	0	15.85	10.45	0.48	3.67	6.07	7.23	
平均值	43.9	7.6	4.2	13.2	10.7	0.4	2.7	7.9	8.8	

第三節　旅館開幕前的行銷活動計畫

一、前言

　　旅館是一個多彩多姿、包羅萬象的服務企業，從無中生有的籌劃階段，直到一座美輪美奐的飯店開幕，呈現在我們的眼前，這期間必須經過一段漫長而艱苦的歷程與無數人的心血結晶。

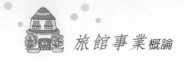

有人說「無旅館就無觀光事業」，那麼也可以說「無行銷」也就「無旅館」了。

旅館的行銷就是要創造市場之優勢與顧客的需要，進而作整體的企劃，將旅館的產品與服務成功地打進目標市場，並開發動態的市場推廣活動，以維繫企業的存續以至於發展。

旅館開工後，即面臨兩大項要展開的工作！

■行政工作

行政工作包括的範圍如下列七項：

1.覓尋適當的辦公處所。
2.僱用人員。
3.裝設電話等通訊設備。
4.辦公設備與用品。
5.設置客房訂房控制簿。
6.宴會訂席控制簿。
7.各種報表。

■行銷工作

行銷工作極為重要，因為沒有業務，旅館即無收入，因此應特別注意下列四個項目：

1.擬定開幕前行銷計畫。
2.設定初期的收入預估。
3.指定廣告及公關代理商。
4.劃定團體訂房配額及責任。

在完成可行性研究後，已決定每一個房間的建築成本，並經投資者、經營者及市場調查專家共同會商決定客房總數及共

同目標時,應在開幕前二十四個月前指定總經理之人選。

此時,總經理即應配合建築計畫進度,編造開幕前行銷計畫。

首先他將接到預估的財務報告表(十年間的)、開幕前的預算、設計圖、旅館未來的特色說明及會議紀錄等文件。他將依據這些資料,選定市場組合及開發行銷組合,因為行銷組合是企業在目標市場上開發產品、服務與市場的策略性行銷四個P的組合,不但可達成旅館的目標與行銷目標,同時最重要的是能夠滿足顧客的需求和期望。

二、旅館開工──開幕二十四個月前之工作

此時,總經理即開始行政管理及行銷活動:先尋覓適當的辦公處所、招募主要職員,如秘書、業務經理等,然後準備市場行銷預算。同時,開始市場行銷活動:(1)決定要蓋哪一種型態的旅館;(2)以哪些大眾為對象;(3)寫明旅館的經營理念(使命與目標):(4)選定推廣、傳播媒體及宣傳活動,以便決定市場區隔定位作為銷售活動的指針及決定市場組合。

通常所謂行銷活動,主要的五個範圍是:

1.如何決定目標市場。
2.如何企劃產品。
3.如何為產品訂價。
4.如何分銷產品。
5.如何推廣產品。

例如,決定服務對象為:星期一至星期四為個別商務客、公關代理商或一些專員。另一方面,讓開幕前工作小組的主管

143

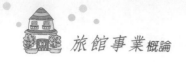

人員參加各種團體爲會員，以便提高公共形象及知名度，如參加旅館協會、觀光協會、市商會、國際會議協會、扶輪社、青商會或獅子會及婦女會等。

由於行政業務的增加，更應增設電話、電腦等辦公設備。業務部門要有完整的作業手冊、檔案管理系統，並出動人員拜訪顧客。總經理除應查閱例行的行政報告外，特別要注意業務部的拜訪紀錄、臨時訂房紀錄等報表，並針對目標市場作廣告，尤其是會議團體的訂房，很早就應作準備。

三、開幕前十八個月至前六個月之行銷策略

這期間屬於第二階段的行銷活動：

1. 應準備更詳細的市場行銷步驟與計畫。
2. 編製員工職責記述書。
3. 重新劃定訂房配額。
4. 銷售行動計畫（除原有的工作小組人員外，提供新進業務員作爲行動的指針）。
5. 重新調整市場區隔。
6. 查看長期性訂房業務是否符合期望，否則應加強爭取短期性訂房業務。
7. 由於工程進度更接近開幕日期，廣告應更明確地指出開幕日期及進一步的說明。
8. 業務員出差次數增加，主要在爭取訂房業務及其他更確定的生意。
9. 對各行業加緊推廣工作。
10. 贈送紀念品及簡介資料給各公司行號主管及秘書。

11.正式設定訂房配額。

12.覆審內部管理制度，查看各種報告是否如期提出。

13.再度查核旅館內各種標示牌。

14.重新檢討商品計畫。

四、開幕前六個月至開幕

開幕前六個月至開幕之銷售訓練及市場的確認：

1.旅館集中全體力量於行銷活動。

2.每一部門應有銷售行動訓練計畫。

3.全部門出勤，集中火力，作全面銷售攻擊戰。

4.確定開幕時邀請參加酒會的名單。

5.餐廳各部門籌劃各別部門的銷售計畫。

6.餐飲部經理拜訪報社餐飲專欄記者，以便提高知名度。

7.重新明確客房目標市場（個別客及團體客）。

8.加強對旅行社及短期性市場的銷售行銷。

9.大力爭取學校、政府機關、體育團體等業務，並邀請他們
　參觀解說。

10.編定郵寄名單。

11.遷入正式辦公處，訂定各部門公文來往流程，尤其應加
　強業務部、客務部及餐飲部門之聯繫工作。

12.設立爭取會議業務的協調部門。

13.公告房租、折價贈券及會員活動等節目。

14.考核及評估每一個業務員的成果。

五、旅館部分開幕時

旅館部分開幕時的業務工作包含下列六項：

1. 加緊對當地之業務拜訪活動。
2. 增加人員以便引導參觀旅館設備。
3. 加緊拜訪旅行社。
4. 確定俱樂部會員人數。
5. 邀請外地旅行社及代理商來館參觀。
6. 加強餐飲各部門推銷活動。

六、旅館正式開幕時

旅館正式開幕時，全體員工應全力以赴，行銷計畫不容忽視，其工作內容包括下列十二項：

1. 籌劃正式開幕工作。
2. 加緊行銷全面攻擊活動。
3. 計畫邀請參加宴會名單。
4. 封面廣告特別強調特色及顧客利益，尤其是餐飲部門的廣告。
5. 正式開幕後，三個月內實施開幕後行銷活動之總體考核，尤應考核員工接待顧客的服務態度，以便改進及調整。
6. 重新調整行銷計畫，以符合開幕後的實際需要。
7. 業務部門應建立館內招待顧客的時間表，並繼續加強業務推廣工作。
8. 設立會前及會後之考核制度（會議協調部門）。

9.蒐集顧客對旅館的評語資料。

10.設定顧客檔案資料。

11.邀請貴賓、旅行社、商社、航空公司及同業等主要人員參加午宴。

12.訂定支付旅行社佣金制度，確定如期支付以維信用。

七、未來的旅館行銷計畫

未來的旅館行銷計畫及市場定位應該明確：

1.旅館應開發五年期的市場行銷計畫。

2.此一計畫應以周詳的市場調查及競爭對象調查爲基礎。

3.再依調查市場結果，進一步決定「定位聲明」，以便編定銷售行動計畫、廣告計畫及推廣計畫。

總之，行銷計畫即經營實戰策略，是探討經營努力的方向及達成經營目標的方法。

在編定行銷計畫時，應經常記住將下列宣戰內容包括在內。即：(1)情勢分析；(2)行銷目標；(3)行銷策略；(4)行銷方案；(5)行銷預算。

旅館商戰的成敗取決於「市場定位」與「競爭策略」。尤其目前台灣的旅館業已進入戰國時代，我們應組合實戰推銷、滲透促銷與戰略行銷，作整體設計與企劃，才能克敵制勝！

第四節　設計條件規劃與專業顧問之確立

旅館位置確定之後，必須就環境條件做周詳整合，就市場

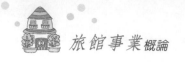

需求反應於設計條件之中，本節將前述之市場調查及經營型態及各種經營結構比例加以分析後整理之，惟旅館建築有別於一般，它的硬體必須於開業之後與軟體功能相互配合，因此，除建築師之外，投資者必須同時聘任更多專業顧問，將整體軟、硬設施合併考慮，使日後經營得以順利進行。

一、設計企劃報告的製作

(一)設計條件的確認

設計者除業主的構想或企劃報告的給與條件，多加細琢考量，然後在諸多的條件下，重新分析組合整理出設計，務必取得當事人（業主或決策者）的確認。

業主的給與條件，大多由整體的營業方針、構想或具體的營業設施之必要條件等所得來的。因此從構想演進到具體的條件是需要經過多次的重複接洽，所以必須在開始時，整理出可以確認的設計條件。

(二)設計者內部的確認

設計企劃報告除了確認業主方面的給與條件，在設計者內部方面，亦需把設計條件會知有關工作範圍之人員。

另外有關設計小組的組織、具體的進展方式、設計能源的投入方式、整體的進度表等，在設計開始時，內部作業者均需作好確認的工作。這些項目的負責人如有接獲意見反應，也均需作慎重適切的處理（如**表6-3**）。

表6-3　設計條件

項目	設計條件	項目	設計條件
工程名稱		基地現況設備關係	〔自來水〕 給水本管：管徑　位置 〔井水〕 有無規劃，常水位，山水量 〔下水放流〕 排水本管：管徑、位置、深度、規制 淨化池：水質基準 〔瓦斯〕 管徑、位置、壓力 〔電力〕 受電方式、供給方式 電力公司聯絡處： 〔電話〕 導入方式 電信局聯絡處：
建築名稱			
建築業主	〔建築物所有者〕 代表者： 負責單位： 負責人： 聯絡處： 其他： 公司名稱： 〔建築物使用者〕 代表者： 負責單位： 負責人： 聯絡處： 其他： 公司名稱： 〔其他關係者〕		
用途及事業計畫	機能及整體架構： 新蓋、增蓋、改建、將來的計畫。	建築概要	總樓地板面積： 位宿設施種別： 〔必要的營業設施內容〕 客室：　間 單人房：　m^2／間　m^2／間 雙人房：　m^2／間　m^2／間 套　房：　m^2／間　m^2／間 其　他：　m^2／間　m^2／間 宴會場所：　間，合計　m^2 大宴會廳：　m^2，　間 小宴會廳：　m^2，　間 其　他：　m^2，　間 婚禮關係：新娘房，更衣室　間 餐飲關係： 咖啡廳：　位，　m^2 主要餐廳：　位，　m^2 中式餐廳：　位，　m^2 西式餐廳：　位，　m^2 和式餐廳：　位，　m^2 主要酒吧：　位，　m^2 其　他：　位，　m^2 其他營業設施： 商店街：種別及面積 游泳池，健身房，三溫暖 運動場所，回力球場，網球場 駐車場容量台數：
基地環境	地段： 地址： 基地面積： 境界範圍： 鄰近環境：斷崖、河道、日照、日射、噪音、臭氣、學校 都市環境：鐵路、公路、高速、捷運		
基地規劃	〔地域類別〕 地域用途： 地域防火： 其他地區指定： 建蔽率%，最大建築面積（m^2）： 容積率%，最大容積面積（m^2）： 道路寬幅： 都市計畫道路： 日射規定： 駐車場法規數量： 電波干擾： 特殊申請手續：		

（續）表6-3　設計條件

項目	設計條件	項目	設計條件
建築概要	〔建築的構想〕 外觀的構想，象徵性色、形： 內部空間的構想： 主要大廳的構想： 標準客房的構想： 宴會場所的構想： 〔表面建材〕 外裝的主材： 主要大廳的材質： 有無主題性的材質：	設備概要	電扶梯： 緊急安全電梯： 停車塔升降設備： 〔廚房設備〕 特殊照明設備： 其他：
設備概要	〔電氣設備〕 受電方式： 配電方式： 變電設備： 緊急電源設備： 照明設備： 宴會場所特別設備： 電氣音響設備： 客房管理設備： 安全監控設備： 諮詢電腦設備： 〔其他的設備〕 〔空調設備〕 熱源設備： 空調方式： 空調區域方式： 排煙設備： 換氣設備： 廚房的排氣方式： 〔給排水、衛生、消防設備〕 給水設備： 熱水設備： 排水設備： 衛生設備： 消防、設備、種別、用途： 瓦斯設備： 殘菜垃圾設備： 洗衣房設備： 〔升降機設備〕 客用電梯： 服務電梯：	工程計畫	企劃： 基本計畫： 鄰近說明： 實施設計： 申請業務： 發包業務： 工程期間： 開業準備： 開幕預習： 開　　幕：
		工程預算	建築工程費，單價： 電氣設備費，單價： 空調設備費，單價： 給排水、衛生設備費，單價： 升降機設備工程費，單價： 廚房設備工程費，單價： 舞台設備工程費，單價： 宴會場所特殊設備費，單價： 洗衣房工程費，單價： 冷藏、冷凍工程費，單價： 殘菜處理工程費，單價： 放流水處理工程費，單價： 造園、外圍工程費，單價： 家具，室內裝潢工程費，單價： 特殊照明設備工程費，單價： 美術工藝品費用： 什器、備品費用： 制服、指標費用： 其他：
		發包方式	整包發包方式，分包發包方式 單獨施工者，JV施工者 分期工程發包 施工者選定方式 投標，指定投標，議價 特別指定

二、業主的顧問群

　　一個國際觀光旅館要具備世界性的水準，一定要重視專業分工，一座旅館建築的成功與否，重點在其功能的規劃，以電梯、音樂爲例，並非一般建築設計師可以處理，因此，建築師最主要功能是在整合每一種專業顧客人員的需要與貢獻，使旅館軟體功能得以發揮，以凱悅大飯店爲例，其各專業顧問達二十七種之多，這種理念是很花錢的，但也是必要的，如果想要具有一流水準，投資者要捨得花這種設計費，因爲建築師只是顧問之一罷了。

　　旅館籌建相關顧問群包括如下：

■總工作協調顧問

　　包含總顧問、經營顧問、開發顧問及工程顧問。

■硬體設計項目專業人員

　　包含建築師、結構技師、室內設計師、電氣技師、空調技師、景觀設計師、消防技師、衛生技師、環工技師。

■工程管理專業人員

　　包含工務經理、總工程師、建築工程師、土木工程師、空調工程師、裝修工程師、電氣工程師、衛生工程師及工程人員。

■旅館行政專業人員

　　包含總經理、副總經理、管理部經理、財務部經理、客房部經理、餐飲部經理、工程部經理、業務部經理、採購部經理、公關部經理等。

第五節 案例：福懋園大飯店經營管理規劃

　　福懋園大飯店位於彰化市區，地理環境優良，此方案的成功，將帶來地方的繁榮與增加國民就業機會。因此，旅館專業經理人的素質尤其重要。首先必須製作飯店的經營管理規劃及籌備時間表，業主的投資方能減低風險。所謂投資報酬率的權衡是重要的課題。茲將福懋園大飯店的籌備時間表分述如下：

1.二○○一年八月一日決定經營團隊。
2.二○○一年八月十日決定室內裝潢設計公司，CIS開始設計。
3.九月十日室內裝潢內容定案，會員俱樂部籌備主管進場籌備作業。
4.九月三十日室內裝潢發包作業陸續完成。
5.十月一日室內裝潢公司進場開始施工作業。會員俱樂部文宣定案，開始印刷。旅館A級主管進場。
6.十一月一日會員俱樂部開始招募業務人員。
7.十二月一日會員俱樂部開始招募會員。
8.十二月三十日試賣準備期開始。
9.二○○二年三月三十日完成所有施工工程並開始試車。
10.五月十五日試行營業。

一、福懋園大飯店經營管理方針

(一)三大經營管理原則

茲將福懋園大飯店依旅館特質訂定的三大原則說明如下：

■注重服務品質

建立服務品質並非難事，但長期的維持才是該飯店最重視的方針。因此，必須定期舉辦員工禮貌、衛生、顧客服務講習與訓練，並設定品質控制制度，時時評估，並在自我評鑑完成後，申請ISO 9002之國際服務品質認證。

■講求親切快速的服務

建立「賓至如歸」的目標管理，不但要服務旅客，更要注重時效，節省旅客寶貴的時間。因此，有關餐飲及住宿之預訂、退房管理、會計結帳、顧客追蹤及管理，將以全面電腦化作業，配合「顧客至上」的服務態度來面對市場的競爭。

■發揮國際化功能並促進地方繁榮

該飯店之規模在中台灣是其他同業難以相比的，飯店員工應以「捨我其誰」的積極態度，促進商務活動及國際會議之進行，同時配合彰化縣市八卦山脈特有的文化傳承，使飯店成為地方繁榮的櫥窗。

(二)營運方面——計分三大類

■客房收入

暫規劃客房一百二十八間，提供住宿環境，供國內外旅客

投宿,預估客房收入將占飯店全年收入的32%。

■餐飲收入

餐飲收入為飯店大宗收入,尤其在大型宴會、文化活動、國際會議或各式展覽會舉行時,但必須附設大型停車空間,餐飲收入占飯店比例預估為60%。

■會員俱樂部

本飯店備有各式健身、養生、美容之多項設施,除SPA、三溫暖、KURHAUS及游泳池外,並有會員專屬之餐廳區域,可做為彰基、秀傳、彰化等醫院醫師及政、商、學各界人士的社交健身場所,估計可占收入8%。

未來該飯店將結合上列各式功能,滿足彰化、台中、雲林各區消費的食、宿、育樂之需求(**圖6-1**)。

(三)各樓層營業項目概述

樓層　內容

10F　32間客房

9F　32間客房

8F　32間客房

7F　32間客房

6F　會員俱樂部／SPA,KURHAUS約2,000名家庭會員

5F　會員俱樂部／社團辦公室

4F　飯店辦公室,出租會議室／社團辦公室

3F　中餐VIP隔間區　25間×12人=300人

2F　日式餐廳180人,中餐廳250人(含廚房)

1F　接待櫃檯,自助餐廳180人,酒吧80人

| 福懋金卡俱樂部會員卡 | → | 多據點 | → | 休閒、度假、養生、商務 |

■名稱：福懋金卡俱樂部（FAMOUS GOLDEN CLUB）

■商品定位

1.第一階段——（開業後五年計畫2002～2006）

　說明：

　(1)以彰化市為中心，上自台中、苗栗，下至雲林地區（尤以麥寮六輕為主要市場）。

　(2)整合城市與鄉村兩種俱樂部，讓會員平日利用城市空間，例假日享用鄉村俱樂部，成為社交、健康、文化綜合事業。

　俱樂部架構：

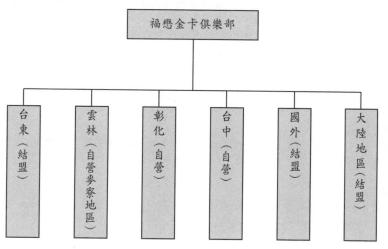

2.第二階段——發展全省據點及國外休閒度假中心。2006～2009年成為福懋園企業集團。

圖6-1　福懋金卡會員俱樂部經營理念

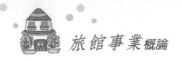

■價格定位：Famous Golden Club Card（福懋俱樂部金卡）

卡別	期限	入會費	月會費	月會費抵扣消費
個人	3年	6萬	2,800	（800）
	5年	9萬	2,800	（800）
家庭	3年	7萬	3,600	（1,000）
	5年	10萬	3,600	（1,000）
備註	1.會員卡以1,500張爲年度目標。 2.每滿1,000張時入會費單價視情況調漲1萬元，如原有3年期個人卡爲6萬元，調高爲7萬元。 3.每月抵扣之消費金額係由月費中抵銷之，即3,000元中可免費消費1,000元，公司實收2,000元。 4.個人卡發一張正卡，家庭卡一正一副，子女卡（以25歲以下未婚子女爲準）。 5.俟其他據點成立後，入會費可調高之。			

■結論
由本表可充分瞭解會員俱樂部之成敗，影響飯店盈收至鉅，因此飯店宜發展爲「以會員俱樂部」爲主軸，輔以客房及餐飲之旅館。

■備註
由於旅館具龐大不動產投資成本之特性，因此雖然本表不含固定資產重估之增值部分，一般計算回收宜每三至五年計算增值金額，以瞭解當年度現值狀況。

（續）圖6-1　福懋金卡會員俱樂部經營理念

B1　　宴會廳／國際會議廳1,500人

B2、B3、B4　　地下室停車場

＊本規劃內容經與業主討論後調整之

(四)五年營業收支預估

該飯店之五年營業收支預估如**表6-4**所示。

(五)工程計畫進度預估

本工程之設計規劃預計十二月完成，工程施工六個月，若一切進行順利，擬於二○○二年三月二十九日開業。

二、經營管理規劃

(一)管理組織系統規劃

1.整體營運與部門工作之規劃：
　(1)管理系統規劃。
　(2)籌備細部進度與管理控制。
　(3)現場動線規劃。
　(4)作業流程規劃。
2.全面電腦作業之軟體、硬體製作規劃。

(二)經營管理設備之規劃

1.規劃項目：
　(1)弱電系統（照明、電話、音響、廣播）。
　(2)消防設備。
　(3)前檯接待及客房設備。

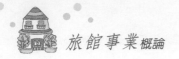

表6-4 福懋園大飯店五年營業收支預估

項目	2002	2003	2004	2005	2006
房收入					
房客數	128	128	128	128	128
住房率	80%	82%	83%	83%	83%
均房價（仟元）	2.6	2.8	3	3.1	3.2
房收入（仟元）	97,178（32）	107,269（28）	116,333（28）	120,211（26）	124,288（26）
飲收入	182,209（60）	237,525（62）	257,594（62）	295,904（64）	305,448（64）
樂部月會收入	24,294（8）	38,310（10）	41,548（10）	46,235（10）	47,726（10）
會費收入	50,000	70,000	80,000	80,000	80,000
業總收入	353,681	453,104	495,475	542,350	557,462
貨成本及薪資	196,014	254,261	272,809	304,416.6	308,957.5
客房部	27,210（28）	28,963（27）	30,546.6（26）	31,254.9（26）	31,072.0（25）
餐飲部	136,657（75）	178,144（75）	190,619.6（74）	218,969.0（74）	222,977.0（73）
俱樂部	12,147（50）	19,155（50）	19,943.0（48）	22,192.8（48）	22,908.5（48）
會員招募成本	20,000（40）	28,000（40）	32,000.0（40）	32,000.0（40）	32,000.0（40）
業毛收入	157,667	198,843	222,666	237,933	248,504
接費用	56,589（16）	67,966（15）	74,321（15）	81,353（15）	83,619（15）
總務費	1,7684.1（5）	22,655.2（5）	24,773.8（5）	27,117.5（5）	27,873.1（5）
行銷費	10,610.4（3）	9,062.1（2）	9,909.5（2）	10,847.0（2）	11,149.2（2）
能源費	17,684.1（5）	22,655.2（5）	274,773.8（5）	27,117.5（5）	27,873.1（5）
維護費	10,610.4（3）	13,593.1（3）	14,864.3（3）	16,270.5（3）	16,723.9（3）
業毛利	101,078	130,877	148,345	156,581	164,885
捐 折舊 保險	35,368（10）	45,310（10）	49,548（14）	54,235（14）	55,746（14）
營業稅	10,610（3）	13,593（3）	14,864（3）	16,271（3）	16,723.9（3）
房地產稅	3,537（1）	4,531（1）	4,955（1）	5,424（1）	5,574.6（1）
資產折舊費	17,684（5）	22,655（5）	24,774（5）	27,118（5）	27,873.1（5）
開辦費攤提	2,829（0.8）	3,625（0.8）	3,964（0.8）	4,339（0.8）	4,459.7（0.8）
保險費用	707（0.2）	906（0.2）	991（0.2）	1,085（0.2）	1,114.9（0.2）
前淨利	65,710.4	85,567	98,797	102,346	109,139
業事業稅	16,427.6（25）	21,392（25）	24,699（25）	25,586（25）	27,285（25）
後淨利	49,828.8	64,175	74,098	76,759	81,854
款利息支出	26,000	26,00	26,000	26,000	26,000
資報酬率	12%	16%	19%	19%	20%

註：（ ）中的數字代表所占百分比。

(4)餐飲設備。

(5)俱樂部相關設備。

(6)辦公室設備。

(7)員工用室及制服。

(8)維修保養及中央監控。

2.規劃程序：

(1)設計規劃及客房樣品屋製作。

(2)申請訂貨或發包。

(3)進度及品質控制。

(4)收貨／庫存管理及原物料分類。

(5)原物料發放及補充。

(三)訂定各單位作業程序及工作準則

1.辦事細則。

2.人事管理規則及作業程序。

3.員工手冊。

4.工作說明書。

5.客務作業程序及準則。

6.房務作業程序及準則。

7.洗衣作業程序及準則。

8.餐飲作業程序及準則。

9.業務推廣作業程序及準則。

10.財務作業程序及準則。

11.財產管理作業程序及準則。

12.採購作業程序及準則。

13.倉庫管理及驗收程序及準則。

14.保養作業程序及準則。

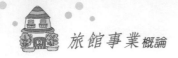

15.安全作業程序及準則。

16.公共設施管理規定。

17.總務作業程序及準則。

18.交通管理及運輸服務準則。

(四)員工聘用及訓練

1.總經理、協理、經理之聘用。

2.中級幹部聘用與訓練。

3.財務人員聘用與訓練。

4.基層人員及考選與職前訓練。

5.訓練教材之編撰。

(五)營運準則規劃

1.飯店CIS及印刷物製作（另覓專業公司處理之）

2.房間編號之制定。

3.訂定房價。

4.各式菜單規劃。

5.業務宣傳規劃。

6.開幕前之促銷活動。

7.接受訂房。

8.大廳櫃檯及服務中心之規劃。

9.VIP作業規劃／接機作業。

10.俱樂部推展。

11.申請加入旅館工會及相關社團。

(六)公共設備與管理規劃

1.通信系統規劃。

2.公共設施管理規劃。

3.交通及運輸服務規劃。

4.安全消防規劃。

5.申請銀行代收、外幣兌換。

(七)附設營業設施規劃

1.會議室規劃。

2.社團辦公室規劃與出租。

3.三溫暖、健身房、美容院經營管理規劃。

4.水療設施／KURHAUS、SPA之管理。

(八)員工用室及制服規劃

1.員工制服設計及製作（另覓專業公司處理）。

2.員工宿舍管理規劃。

3.員工餐廳、廚房規劃。

4.員工更衣盥洗室及休息室規劃。

三、開幕準備及進度計畫

1.試行營業計畫（Soft Openning）。

2.環境整理。

3.相關設備分層試車。

4.經營團隊接管飯店作業規劃。

5.旅館勘驗及領照。

6.申請各項證照：

  (1)建築物使用執照。

  (2)申請送電及接水。

(3)瓦斯及燃料油接通。

(4)旅館營業執照。

(5)營利事業登記證。

(6)鍋爐執照。

(7)游泳池執照。

(8)稅籍登記、領取統一發票。

7.開幕先期原物料之進貨。

8.正式開幕計畫（Grand Openning）。

9.所有設備正式驗收。

喜來登（Sheraton）成功之道

　　歐內斯特‧亨德森（Ernest Henderson），一八九七年三月七日生於離美國波士頓不遠的栗樹山鎮，病逝於一九六七年九月六日。他於一九三七創建喜來登旅館公司（Sheraton），到一九八九年喜來登旅館公司旅館總數已達五百四十家，客房超過十五萬四千間，遍及全球七十二個國家，是世界上最大的國際旅館公司之一。上海華亭喜來登賓館也是它的成員。

　　不少人以為，像希爾頓一樣，喜來登就是該旅館公司老闆的名字，其實不然。可是後來亨德森先生於一九六五年出版了一本自傳，名叫《喜來登先生的身世》（*The World of Mr. Sheraton*），在這裏，亨德森先生將自己稱為喜來登先生。

　　早期創建大旅館公司的人，大多數是科班出身。如里茲先生開始時當餐廳服務員，斯塔特勒先生開始時是前廳行李員，希爾頓先生早年也幫助他開小店的媽媽招待客人。可是亨德森先生與他們不同，他直到四十四歲時才認真從事旅館業。他在旅館經營管理技術上沒有許多創新，但他為喜來登旅館公司有效管理而制定的喜來登十誡（The Sheraton Ten Commandments）卻很有意義。

　　第一誡是不要濫用權勢和要求特殊待遇。這是對管理人員的約束。亨德森先生說，他每到一個喜來登旅館，那裏的經理總是為他安排最好的客房，像招待貴賓那樣送上一籃新鮮水果。他又說，那些經理不理解，其實作為董事

長的他，最愛聽的話是：「對不起，那間總統套房不巧已被人住上了。」因為這樣，那間總統套房每天至少可獲得幾百美元的收入。

第二誡是不要收取那些討好你的人的禮物，收到的禮物必須送交一位專門負責禮品的副經理，由旅館定期組織拍賣這些禮物，所得的收益歸職工福利基金。這一約束的目的在於，防止有人因私人得到禮品好處，在交易中就用旅館的財物去作人情。如負責食品採購的經理，為了回報送禮商人幾美元禮品的好處，常常會提高食品購買價格而使旅館增加數十萬美元的開支。

第三誡是不要叫你的經理插手裝修喜來登旅館的事，一切要聽從專業的裝潢師瑪麗·肯尼迪。這一約束在於強調專家管理。一九四一年亨德森買下了波士頓有名的「科普雷廣場旅館」（Copley Plaza），決定對它進行重新裝修。如何能保證裝修結果使顧客滿意呢？亨德森請了八位裝潢大師，舉行裝潢競賽。每人要裝潢一套房子，預算費用為三千美元，要求他們裝潢成受客人歡迎的未來型客房。到競賽結束那天，他舉辦了一次大型雞尾酒會，請來了一千名客人，請他們投票選出每人最喜歡的房間，最後裝潢師瑪麗·肯尼迪以壓倒多數贏得了這場競賽。從此，瑪麗被喜來登旅館公司聘作旅館裝潢的總主持人，亨德森先生規定，各旅館經理不能擅自修改瑪麗的裝潢方案。

第四誡是不能違背已經確認的客房預訂。超額預訂是旅館經理為了防止有一部分預訂者不到店住而造成損失的一種方式。如果預訂者都到店住了，就會出現有預訂的客人沒有客房可住的情況。一旦出現這種情況，喜來登公司

規定，送客人一張二十美元的禮券，這張禮券可在任何一家喜登旅館使用，並派車送客人到另一家旅館居住，車費由喜來登承擔。

　　第五誡是管理者在沒有完全弄清楚確切目的之前，不要向下屬下達指令。亨德森先生認為，如果管理者理解清楚了每一指令的目的，同時又讓下屬瞭解指令的目的，就可使下屬發揮主動性和靈活性，把工作做得更好。

　　第六誡是一些適用於經營小旅店的長處，可能正好是經營大飯店的忌諱。亨德森先生認為，在小旅店裏，老闆的長處在於他能統管一切事務。可在大旅館裏，必須授權予人。大旅館成功的根本點在於選拔部門經理，發揮他們的才幹，靠他們去承擔責任和行使權力。如食品、飲料、前廳服務的程序，鍋爐與電梯的維修等具體事務要由部門經理去考慮。實踐證明，提拔小旅館經理來掌管大飯店，往往出現許多頭痛的事。只有那些擅於授權給人的人管理大飯店才能取得成功。

　　第七誡是為做成交易，不能要人家的最後一滴血。亨德森先生認為，在談生意時，幾美元的爭執在當時看來似乎事關重大，但實際意義並不大。在一些微小的爭執中，不要使用「幹就幹，不幹就拉倒」的語句，要有整體與長遠眼光，小分歧可以通融，不要把大路堵死。

　　第八誡是放涼的茶不能上餐桌。這一誡雖然是直接針對餐廳服務員講的，但它的精神適用於一切服務員。這就是要遵循服務的質量要求，如熱菜要熱，用熱盤；冷菜要冷，用冷盤。質量不好，會直接影響旅館的聲譽。

　　第九誡是決策要靠事實、計算與知識，不能只靠感

覺。亨德森先生認爲，任何決策，首先要把實際情況搞清楚，要認眞進行計算，光靠感覺、估計、願望去辦的做法要禁止。

第十誡是當你的下屬出現差錯時，你不要像爆竹那樣，一點就火冒三丈。因爲他們的過錯，也許是由於你沒有給予他們適當的指導而產生的，你要從解決問題的角度去思考如何更好地去處理。

亨德森先生著名的格言是：「在旅館經營方面，客人比經理更高明。」凡給喜來登總部來的信，他都要求給予及時的答覆。無論是表揚信，還是投訴信，都要轉給有關經理閱讀。對投訴信的處理尤其認眞。他認爲顧客的抱怨有不少是建設性的，是旅館制訂政策和改進業務的依據。他讚賞運用「顧客意見徵詢表」。一旦喜來登總部收到的投訴信件少了，他就指示用「顧客意見徵詢表」去主動徵詢客人的意見。

早在一九六O年代，亨德森先生就指定由專人來處理客人的投訴，還要求對讚揚與投訴的信件分類登記和整理。當時還確立了下列評價樣準：當抱怨信略多於讚揚信時，說明經理工作有些疏忽，如果比例是60比40，那麼就必須認眞對待，及時採取措施。另外，如果對某一位經理的讚揚信過多，也需要瞭解一下，這位經理是否用旅館應得的利潤來換取客人的過度的好感。

第七章　觀光旅館設計理念

第一節　旅館設計美學

　　美的形式原理是許多美學家,對於自然及人工的美感現象觀察分析,加以歸納出的一些美的特徵、美的形式,但無論哪種法則,都只是一種基本知識,只能是造型欣賞上的一種幫助,不是絕對的定律,因為優美的造型,絕不能由任何一種公式去求得。美學對學設計的人是很重要的,不懂應用美學的人,其設計無論是個體造型或整體造型,都將是一毫無美感或充滿匠氣的設計。

　　基本美學原理主要分為下列五項:

一、比例

　　部分與整體之間、主體與背景之間的搭配關係,如能給人一種美感即是,舉凡數量因素如大小、輕重、粗細、濃淡,在適當的原則下,都能產生具協調的美感,有時亦可藉由各種比例之數列求得,如黃金比例、等差數列、等比數列都可構成優美比例之基礎,如較有名的矩形黃金比為1:1.618,即短邊對長邊的比,短邊為1時,長邊為1.168之比,但比例不能完全以公式去求得,在通常情況下,只有眼睛,才能指導我們去選擇最好的比例感,造型如果沒有優美比例,往往不易表現出勻稱的型態。比例是造型上的一大課題,不僅要追求美感,也要要求實用。在室內空間中,如家具空間與活動空間,家具的高度與長度,家具與家具之間,壁面、天花板造型的長、寬尺寸,皆必須注重比例的關係,比例之協調,必須用敏銳的感覺來判斷,

一般而言，任何人均具有初步的判斷能力。

二、平衡

平衡原理是使室內穩定、安詳和平靜的有效途徑，但過度平衡會造成單調、呆板、枯燥的感覺，故在造型上必須靈活運用，否則空間會呈一片死寂，平衡通常分為對稱平衡與不對稱平衡兩種。

(一)對稱平衡

對稱平衡是左右或上下兩物體的型態，其相對位置是完全相同，給人一種莊重、嚴肅、安定的感覺，如中國式的舊式住宅的門口石獅、供桌、字畫擺飾等。

(二)不對稱平衡

不對稱平衡是感覺上的平衡亦可說是均衡，雖左右形體不相同，但在視覺而言，不同之造型、色彩、材質所引起的重量感，能保持一定的安定狀態者，均是多樣化的統一，均衡是動態的平衡，使空間中富有生趣盎然之感，較對稱平衡更加靈活而富有變化。

三、調合

調合是一種和諧狀態，係指兩種以上造型要素，其彼此之間的關係。此種關係給人一種愉快感覺，毫無分離之整體感，是追求多樣化的統一，調合有類似調合與對比調合。

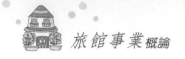

(一)類似調合

類似調合是採用相類似的細部,作反覆的處理而產生的美感,設計上,任何元素之差距較小,給人一種融洽、愉悅、抒情的美感效果。如色彩上,黃色、橙色是類似色,各種顏色的明度或彩度接近時,方可稱明度或彩度類似。

(二)對比調合

設計上任何元素之差距較大時,如大-小,輕-重,粗-細,軟-硬,高-低,厚-薄,明-暗,凹-凸,寬-窄,濃-淡,水平-垂直,是兩極端的效果,具強烈、輕快、明亮、高潮迭起、活力、動感。對比另一特點為,各增加其對比物原先的感覺,例如古典式的空間中,如有現代的裝飾品只要其數量及位置用得好,不僅不會與古典氣氛格格不入,反而會增加古典式的感覺。但對比調合不是對立的,且不能過度使用,否則空間顯得雜亂無章,一般對比必是有高度的統一做後盾,才能發揮真正效果。調合原理在室內設計中至為重要,無論擺飾品與家具,建築結構與家具,家具與家具之間,在型態、色彩、材質等方面,都存在著相互和諧調合的問題,但無論是類似調合或對比調合,在室內空間中所有物體之間,均必須是一完整和諧的整體。

四、強調

強調指加強某一細部的視覺效果,以彌補整體的單調感,使空間更加緊湊、充實、更富吸引力,也就是所謂的加強主體地位,如此才有強烈震撼作用,任何缺乏強調手法處理的空

間，皆會流於平淡，原則上，強調並不只憑面積大，而必須選擇恰當的位置和方式，將主體烘托成為鮮明突出的視覺焦點。強調的方式如不恰當，會造成喧賓奪主的效果，使空間有不安及混亂的感覺，一般可利用造型基本四要素間的對比效果，達到強調的目的，如強烈的燈光、鮮明或對比色彩、極端相異的材質。

五、韻律

韻律亦可稱為節奏，是指同一現象的周期反覆或規則性出現，亦可稱為律動，如同音響上之節拍。在室內空間中，韻律指靜態的物體中，無論是色彩、材質、光線等元素，在結合上具有某種規律，產生對視覺及心理的節奏感。空間中，如有韻律之美感，才會有活潑、朝氣、動的變化，有抑揚頓挫之感。韻律之主要效果是建立在反覆、漸層及良好比例的基礎上。

(一)反覆

反覆指相同或相似的元素，作規律性循環，反覆出現所得之效果，產生一種親切、秩序、整齊的美感。在律動中最單純的是反覆，應用反覆技巧貴在間融的把握，例如強弱弱的重複出現，亦有強強弱、強弱強弱的變化，但應注意單純的反覆會過於單調，過多元素的反覆卻又過於雜亂。在室內空間中，常應用反覆的處理原則，如地面的地毯、壁面處理、家具及擺飾品中的型態或色彩，均可交互出現，尋求井然有序的秩序和微妙的節奏感。

(二)漸層

漸層是一種慢慢轉變漸強、漸弱、漸大、漸小，明而暗的效果，有自然收縮的感覺，具方向性及生動優美的節奏感。漸層會使人的視線，自然地由一端移至另一端，具有層層相繼流動的美感，即有輕柔的動感，可謂靜態旋律美，但過多的漸層表現會失於單調，必須局部的使用才能表現它的美感，太多則會顯得庸俗。漸層原理必須有優美的比例做基礎，才更有效果。

綜合以上可知，美學基本原理是創造美感的主要基礎，雖各原理有不同特性，但亦難免有重疊之處，如比例中之級數，其實是表現某種韻律，平衡亦具有調合，強調亦常以對比手法來表現，故美感其彼此之間是相互影響、相互關聯的，是一不可分割的整體，必須注重整體性的表現，才能創造出一美的效果，但不能太過於刻板地加以遵循，而一成不變，須知最好的造型，是由創造者本能或感性的直覺所決定，被規格化的造形毫無韻味可言。

第二節　客房基本設計

客房部為旅館最重要的部門，其所占空間比例最高，是住客生活中最主要區域，因此客房之設計除了豪華精緻的考量外，必須以實用為重點，而且客房投資金額龐大，以兩百個房間的旅館為例，平均一個客房增加五萬元，則總計要多出一千萬，因此客房設計的投資規劃不得不審慎為之。

一、客房的設計

客房分爲單人用的Single Room；雙人用的Double Room、Twin；三人用的Triple Room；套房Suite Room、Connection Room；總統套房President Swite；身障用房等種類（如**表7-1**）。其他的特別房是依幾個必要的空間（機能）所組成的：

1.臥室：睡覺、休憩。
2.客廳：看電視、覽景觀、簡單的事務處理、會客、用餐。

表7-1　國內觀光飯店客房型別構成百分比

單位：％

類別 ＼ 區別	單人房	雙人房	套房	合計（間）
來來大飯店	22.69	70.49	6.80	705
福華大飯店	40.09	52.14	7.75	606
環亞大飯店	47.50	34.58	17.91	720
希爾頓大飯店	9.40	86.0	4.60	500
國賓大飯店	32.16	63.89	3.93	457
老爺大飯店	5.91	84.23	9.85	203
凱撒大飯店	19.20	78.8	2.0	250
中信大飯店	23.20	75.94	0.84	237
統一大飯店	50.53	43.07	6.39	469
圓山大飯店	3.77	80.75	15.47	530
西華飯店	63.89	23.20	12.89	349
麗晶飯店	80.70	14.73	4.56	570
凱悅大飯店	49.38	36.62	15.0	873

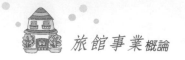

3.化妝室：洗臉、刷牙、剃鬍、化妝、更衣。

4.浴廁間：沖洗、沐浴、入廁、簡單的洗濯。

　　考量建設費用及客房出租房價的回收，要有效地約制及利用空間面積。一般飯店單人房的面積約二十五平方公尺以上，比較寬裕的雙人房面積約四十五平方公尺以上，套房約有五十五平方公尺以上，家具的配置比較有選擇自由的約五十五至六十平方公尺，其他附設書房、餐廳、化妝室、更衣間等豪華型大套房約一百至一百二十平方公尺比較多。

　　客房設計的次序是浴廁、臥室、床鋪等關係位置，一般浴廁間設置靠走廊側，通路最小寬度約八十公分，結構柱及結構牆的位置、尺寸，特別是耐震壁的厚度、設備用管道間的位置、各器具間的連接配置、室內裝修表面處理的材料厚度，必須考慮以公分單位來檢討。

　　床鋪的配置，是選擇單人床或雙人床。尺寸要預留床鋪作床時，兩側必要的空間。行動時，牆壁與床鋪之間的有效距離是六十公分。其他家具的配置，外壁側的開窗位置，空調出風口、電話、電視、電器開關、插座等標準客室的面積決定時，房間的寬度及長度也跟著決定了。法規上走廊的有效寬度，中間走廊式是1.6公尺（1.8公尺）以上，單面走廊式的寬度是1.2公尺（1.3公尺）以上。如客房面積加大時，相對的走廊面積也減少，在效率為主的飯店，會加深客房的長度，這是一般商業型飯店的傾向。

二、實品屋

　　實品屋（Mock-Up Room）的製作，使投資者能夠具體瞭解

客房的整個感覺，它是客房部裝修工作開始以前的前置作業，也是日後業主驗收承包商工程的依據。

客房標準樓層的單人房、雙人房，一般是在初期階段製作實品屋，從設計、施工、營運各方面詳細地檢討並加以改善。公共區域的設計、施工是高水準藝術的單一作品，而客室的設備是依工廠精密的大量生產之成品。後者必須依樣品做綜合性的檢討，也是將來對飯店投資、營運操作不可欠缺的商品。

實品屋的第一階段，是以簡單的木製夾板，製作內容空間的各項尺寸為重點，第二階段以木製骨架做成將來販賣用的房間後，再安裝各項器具如出風口、感知器、灑水頭、空調控制器等設備。電氣關係雖是比較簡單的供應，但照明、插座類亦希望能確實被使用。依從業人員對客室的清理、作床、實際備品的配置作業，確認插座安裝是否適當，開關位置是否很自然的依客人的動線而設置，並易於明白與操作。確認出入口寬度、床鋪與牆壁的距離是否有礙作業，情況允許的話，第三階段，最後作備品處理及各項布置工作，測試浴廁設備給排水、門鈴、音響是否會影響鄰室而無法達到遮音效果。

設計者對實品屋的檢討重點如下：

1.室內的比例、寬度、深度、天花板高度、出入口寬幅、通道寬度、樑、窗帘等之壓迫感。

2.外牆壁窗的大小、操作性、清潔性、結露防止、遮音性、窗台的高度、窗帘整理收藏、靠窗冷氣及床鋪的配置。

3.內裝的材質、色調、床罩、窗帘之調和。

4.下降天花板底端、柱、壁的陽角處理，空調出風口與枕頭方向的調和，防災器材及照明器具的配置，表面材料將來更替時的範圍、次序、施作處理。

5.床鋪、家具的配置，床鋪高低的調整，床頭板的安裝方法。

6.備品的配置、大小尺寸、使用方法、設計的確認。

7.開關、插座的位置、使用方法、遮音的施工檢點。

8.窗簾、窗紗的遮光性能。

9.電視、立燈的連接配線、供電的位置。

10.空調的開關、控制器的位置及操作。

11.鎖、防盜鏈、窺視孔、門扇、房號的位置。

12.建築表面處理材料及家具、備品、設備、內裝的平衡。

13.門扇、廁扇的操作性及使用時的防音對策。

14.依客人的使用，從業員的打掃、配備所發生易於污損的部位要補強、預防，或更換時的施作方法之確認。

　　以上檢點及同時預演住宿者實際行動情況，從營運到實際清掃作業、作床、備品的配備、客房服務餐車的出入也需要測試。從各部門綜合意見對設計的內容提出具體的結論檢討後，實品屋經過多次修正改善，才能決定最終的方案。

　　客房的裝備，在設計上的重點，要以最小的東西發揮最大的功效。使用的方法必須明確，才不至於產生照明、家具、備品等過剩現象，造成住客、經營者、營運者等建設費用的損失和浪費。實品屋的製作及場所必有相當的費用發生，如果省略製作或可惜經費的話，將來竣工完成後，恐怕損失比這費用更嚴重。另外也有結構體完成後再製作實品屋的案例，但在企業形象行銷及促進販賣計畫上並非有效率。

三、床鋪

床鋪採用的方式有二種：單人房採用雙人床，雙人房採用單人床。

雖然在實品屋製作時，嚴密地對使用方法及尺寸作過檢討，但也應配合客房的個性、種類、服務內容，來決定家具及床鋪的配置。

家具配置的基本，以床鋪的位置開始。飯店營業的主要商品，是提供住客安全舒適的休憩與睡眠，睡姿是否適切也可以左右飯店的評價，所以床鋪的性能必須細心注意選擇。

床鋪的大小分類有下列三種：(1)單人床：寬97～110公分，長200公分；(2)半雙人床：寬121～135公分，長200公分；(3)雙人床：寬137～138公分，長200公分。床鋪高度皆為36～54公分。以上只是床墊尺寸，如床單、毛毯、床罩等備品在設計時，尺寸須兩側各加二公分，床尾（腳側）加三公分，頭側床頭板加三公分。最近商業型飯店在單人房也使用雙人床的配置，亦是房間大型化的佐證。因健康人體之睡眠狀態，在夜裏不自覺地有三十次以上的反覆動作，為了能夠安適睡眠、恢復體力，以往的單人床之寬度不夠而改為雙人床之尺寸。

床鋪依構造可分為下列幾種：好萊塢床（Hollywood Bed）、雙人床、工作坊床（Studio Bed）、活動床（Extra Bed）、嬰孩床（Baby Bed）。

依尺寸分類床鋪如下：

1.Small-Single：寬91～100公分，長195～200公分。
2.Regular-Double：寬121～135公分，長195～200公分。

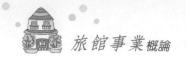
3.Semi-Double：寬121～150公分，長195～200公分。

4.Double：寬137～138公分，長195～200公分。

5.Queen-Size Double：寬150～160公分，長195～200公分。

6.King-Size Double：寬180～200公分，長195～200公分。

　　床墊的種類，分為金屬彈簧及發泡棉墊兩種，一般飯店用的幾乎以金屬彈簧為主流。除了支撐身體外亦須合乎人體工學性能，背骨的正確支撐、振動性、柔軟度、輾轉性也是選擇床鋪的要素。單人房在狹小的空間床鋪被限制，床頭板也固定在牆壁，且有效地兼做家具也是常見的。高層化飯店的客房隔間慣用乾式的結構，為了避免作床時損傷壁面，床頭板安裝壁面常以固定式的方法處理。

　　在商務旅館有一種沙發床（Comfortable Sofa），可將沙發座墊拉出，成為一張單人床（圖8-1）。

一般標準床鋪（Standard Bed）　　　　坐臥兩用沙發（Comfortable Sofa）

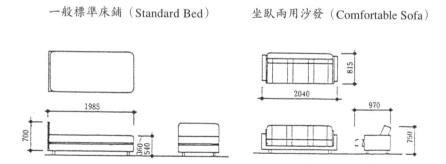

圖7-1　標準床鋪及坐臥兩用沙發的尺寸

四、客房家具

具有各型不同機能客房，即有各種式樣格調的家具。依飯店的個性、客房的種類所配備的家具、備品多少有點不同。基本上，要求堅固不易損傷、污垢的材質與構造，及使用上的便利和安全。

關於客房的使用與房間的服務等方法，事前必須與營運者取得協調，才能決定桌、椅數量及材質、尺寸之內容。宜避免特殊的、鍾愛的物品或使用方式不明之家具的配置。家具的角落部分盡量磨圓，考慮使用者的安全性及家具本身養護的設計。

因商業型及都市型的飯店，客房的面積不大，家具的配置一般是結合幾種機能而設計的。從床頭櫃、寫字桌、茶几、衣櫥、沙發床組等家具，來配合客房的形狀、平面及使用方法。除了家具的配置外，其他天花板嵌燈、插座、窗台的高度、窗帘等相連尺寸的關係及使用方法，必須與家具、室內、建築、設備等設計者謹慎協調與檢討。家具設計附屬的裝置或必要的配線、預埋挖洞等，都必須事先明確地標示尺寸與位置，並補強結構。

標準樓層的客室規格一致，左右對稱，即使用了華貴的壁紙、地毯、窗帘、家具等，但如在客室角落配明線或安裝規格不明的插座，均稱不上良好的設計。家具的細部、材質、色調必須配合客房整體設計。門楹、踢腳板、窗台、窗帘盒、門扇等使用材料，亦須與家具尺寸及色調互相配合。所以將來提高家具水準而進行更換時，也不能破壞整體的氣氛、格調與均衡，必須考量簡單的更新方法，這在初期設計就必須留意及準

備。

　　一般衣櫥棚架，設置在靠近出入口處，必須注意不影響到門扇的開關及天花照明、灑水頭、空調檢點口的位置。活動家具的配置，依現場丈量尺寸，在施工期間，必須要確認客房寬幅、窗幅等尺寸施作。特別要注意現場安裝家具與建築結構尺寸要相符。衣櫥除了收藏衣類外，房內的備枕、床罩亦可收藏於此。所以從客房整體的備品、使用方法再決定衣櫥的尺寸。通常門扇的開關動作會自動點滅衣櫃內的燈具，必須考慮配線安排及零件更換維修的方法。

　　床頭櫃是設置在床頭側的矮櫃，可放置檯燈、電話、煙灰缸、備忘簿及小物品，睡覺時不必起床伸手可及，同時也安裝音響、空調、夜燈、鬧鐘、電視等開關控制設備。配線時應注意接線盒挖洞及將來維修方法。矮櫃的高度最好高於作床後三公分，以免睡眠時無意識地輾轉拂落物品。鬧鐘可以設定在必要的時間內，與音響、電視或電話連線代替起床信號。

　　寫字桌是讓客人處理事務或書信作業的桌子，一般飯店兼當成化妝桌。在抽屜內放置有關館內、市內的介紹及簡單文具夾簿等備品。桌上設置適切的照明檯燈、壁燈或吊燈類，桌面材料宜採用不反光、半霧面處理材料，在兼當化妝桌使用時，應考慮能防止酒精系化妝品餘漬浸蝕桌面的材質。

　　茶桌除了準備喝茶、飲料使用之外，客房服務備餐時，亦常會使用。茶桌的表面應採用耐熱、耐藥性之美耐板類、優麗坦系合成樹脂漆、大理石類或其他建材。

　　客人的衣服大多會使用有抽屜的櫃子來整理。衣櫥衣櫃必須考慮襯衫或其他衣類尺寸之收納，摺疊後襯衫的尺寸寬約二十四公分，長約三十六公分。

　　以上是有關活動家具的基本知識，希望依各型別客房家具

表7-2　木作家具設備一覽表

木作	家具	電器	水管	空調
入口門扇	行李架	門鈴	馬桶	F／C機
衣櫃	冰箱櫃	總開關	洗臉盆	過濾網
浴室門扇	化妝桌	吹風機	龍頭	回風口
避難指示圖	咖啡桌	浴室燈	水塞	出風口
門檻	餐桌	壁燈	浴缸	門外回風口
門號碼	床頭櫃	落地燈	球塞	速度開關
門鉸鍊	床頭板	檯燈	龍頭組	恆溫器
窺視孔	電視櫃	衣櫥燈	蓮蓬頭	其他
安全扣	化妝鏡框	夜燈	下身盆	
門鎖	寫字桌	電視機	飲水器	地毯
浴室天花板	辦公椅	冰箱	毛巾器	壁紙
踢腳板	沙發組	電話	扶手架	感知器
窗簾盒	沙發椅	傳眞機	曬衣繩	灑水頭
天花線板	化妝椅	留言燈	浴簾桿	窗簾
天花板百葉出風	餐椅	音響	掛衣勾	窗紗
窗台板	其他	喇叭	紙巾架	遮光簾
其他		時鐘	肥皂盒	穿衣鏡
		緊急廣播	面巾盒	浴室鏡
		插座	放大鏡	體重器
		控制盤	開瓶器	保險箱
		電茶壺	沖洗間	其他
		電腦	其他	
		其他		

的組合，能夠互相共通使用，維修保養時不影響住客，提供敏捷又經濟的服務，最好家具的主材及表面材料處理要求品質統一（如**表7-2**）。

第三節　客房專用配備

　　爲使客房住客更加舒適，且減少服務人員對住客的打擾，應運而生了幾種旅館客房專用設備，其中智慧型省電設備可爲

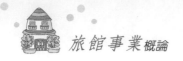

旅館節省許多電費支出，而特殊房鎖在緊急事件發生時，也能
發揮必要的功能，茲分述於下：

一、床頭觸摸控制面板設計

■品名

床頭觸摸控制面板（如圖7-2）。

■規格

8PAMVC AC110V, 117V, 220V。

■組合

1.觸摸面板（放床頭櫃上）：W250×H60×D100mm。
2.電氣控制箱（放床頭櫃內）：W420×H70×D120mm。

■概說

1.本器材係旅館客房床頭櫃上專用之控制開關組合。
2.提供：
  (1)電燈總開關。
  (2)門燈開關。
  (3)左床頭燈開關。
  (4)右床頭燈開關。
  (5)化妝燈開關。
  (6)小夜燈開關。
  (7)茶几燈開關。
  (8)浴室燈開關。
  (9)冷氣風速開關。

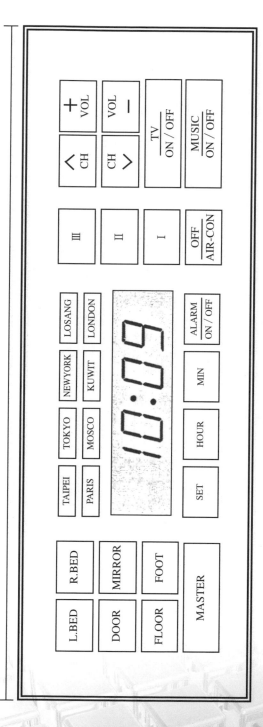

圖7-2　床頭控制面板

230.0mm

(10)音樂頻道選擇。

(11)音樂音量調整。

(12)電視電源開關。

(13)電視頻道選擇。

(14)電視音量調整。

(15)子母時鐘。

以上的控制開關可以任意組合。

3.客房電源及各項控制集中床頭櫃上，方便客房操作。

■操作說明

1.電燈總開關：按一下，有關燈具全部亮，開關上有LED亮燈指示，再按一下，全部熄滅。本電路提供雙切乾接點。

2.電燈開關（計七個）：按一下，燈亮，開關上有LED亮燈指示，再按一下，小燈滅。本電路提供雙切乾接點。

3.冷氣風速開關：可設定強、中、弱及停止等四段風速控制。

4.電視開關：

　(1)電源：On／Off。

　(2)頻道：Up／Down選擇。

　(3)音量：Up／Down調整。

5.音樂開關：

　(1)音樂：On／Off。

　(2)頻道：Up／Down選擇。

　(3)音量：Up／Down調整。

6.子母時鐘：本時鐘為中央控制之子鐘，其時間受主機之時間同步器控制。

二、請打掃房間及請勿打擾指示燈

(一)請打掃房間指示燈系統

■概說

　　本系統用在國際觀光飯店之客房內，在房客外出時，通知清潔員打掃房間，以方便清潔員迅速打掃清潔，提高飯店服務品質（如圖7-3）。

■設置地點

　　1.客房門內牆壁上有一操作開關並附指示燈。

　　2.客房門外電鈴開關邊有一「請打掃房間」指示燈。

■操作方式

　　當房客欲外出，並希望清潔員打掃房間時，房客按下門內的「請打掃房間」的操作開關，則門內指示燈亮，同時門外「請打掃房間」指示燈也亮，當清潔員經過時，看到此燈亮，就知房客已不在，即可進入房內打掃。清潔員打掃完畢，再按此鍵，則燈號消失，恢復原狀。

　　本系統可方便房務管理。

(二)請勿打擾燈系統

■概說

　　本系統用在國際觀光飯店之客房內，方便房客在房內休息時，不受到外界打擾，維護客人隱私權，提高飯店服務品質。

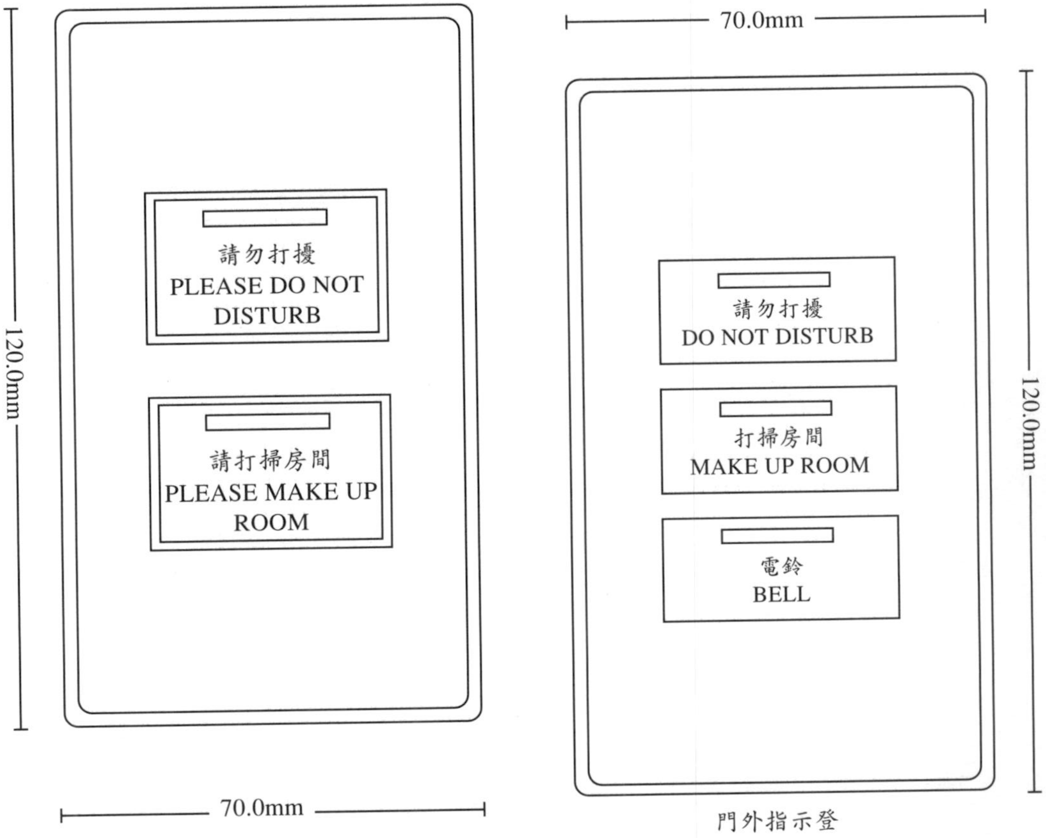

120.0mm

70.0mm

請勿打擾
DO NOT DISTURB

打掃房間
MAKE UP ROOM

電鈴
BELL

門外指示燈

請勿打擾
PLEASE DO NOT
DISTURB

請打掃房間
PLEASE MAKE UP
ROOM

70.0mm

120.0mm

圖7-3 請勿打擾、打掃房間指示燈

■設置地點

    1.客房門內牆壁上有一操作開關，並附指示燈。

    2.客房門外電鈴開關邊有一「請勿打擾」指示燈。

■操作方式

    當房客要在房內睡覺或休息時，不欲外界打擾，按下門內的「請勿打擾」操作開關，則門內指示燈亮，同時門外「請勿打擾」燈也亮，並切斷門鈴電路。門外的人看到「請勿打擾」燈亮，即知房客不欲受干擾。再按此鍵，則燈號消失，恢復原狀。

三、智慧型客房省電設備

■概說

    本設備係利用客房門邊的截電盒，來控制房間內的電源，並做智慧型的能源管理（如圖7-4至圖7-6）。

■動作流程

    當客人進入房內時，把鑰匙柄插入截電盒內，截電盒內的接點通電到控制箱的數位電路，數位電路就能有下列的動作功能：

    1.房間電源自動省電。

    2.房間電源延遲幾秒斷電。

    3.門口燈自動明滅。

    4.斷電時，冷氣自動吹送幾分鐘。

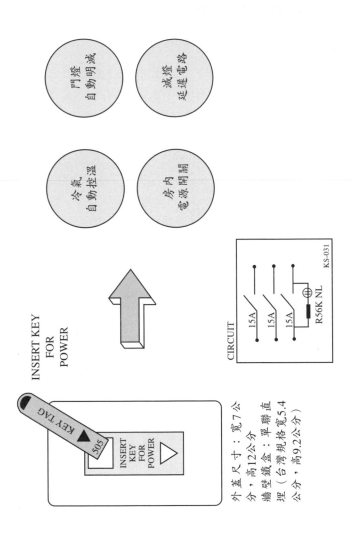

圖7-4 客房省電設備（I）

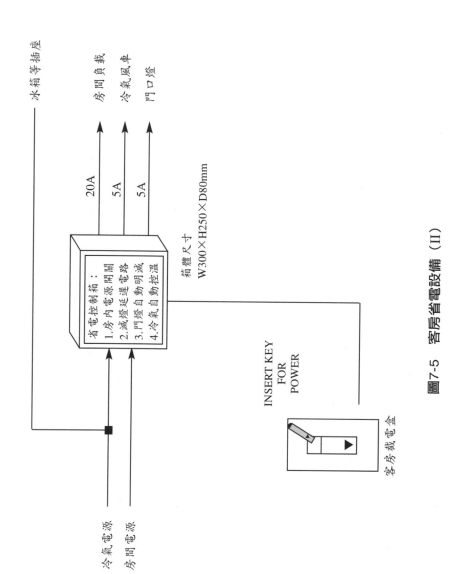

圖7-5　客房省電設備（II）

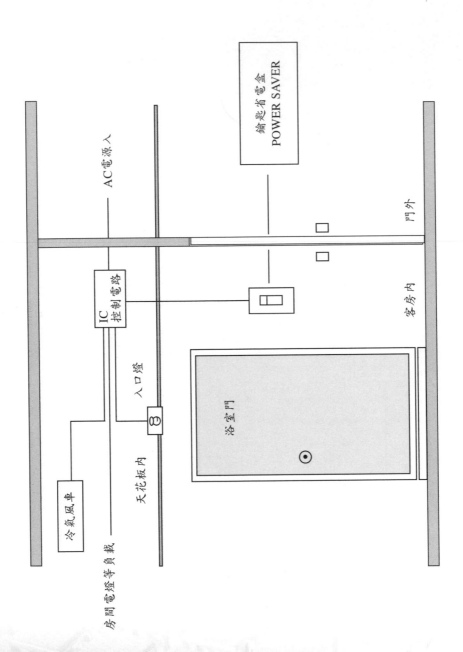

圖7-6　客房省電設備（III）

四、房鎖

■過去

傳統圓筒式鎖匙，可更換鎖心，有各層級使用之Grand Master Key及Floor Master Key等，旅客遷出時要求交回櫃檯，為防止遺失，裝有不易攜帶的大型鎖鍵（Key Tag），減少房客帶出旅館機會。

■現在

採用卡式鑰匙（Key Card），可隨時更換設定時間，無需交回，可做旅館廣告，每片成本約台幣十五至二十元。

鑰匙是住店時向櫃檯領取，在保安上房客除了鑰匙外，房門無法關啓是絕對的條件。單純來看鑰匙本身沒有特殊的互換性，而且房號刻在鑰匙上。如果有住客遺失及帶走時，為了每日客房營業的持續必須及早更換。飯店鎖鍵多採圓筒式鎖心，無需整組更換，只要更換鎖心的部分即可。

鎖心依構造形式不同分類如下：

1.箱盒式鎖心（Case Lock）。
2.圓筒式鎖心（Cylinderical Lock，Mono Lock）。
3.管狀式鎖心（Tubuelar Lock）。
4.單一式鎖心（Unit Type Cylinder Lock）。
5.上樺式鎖心（Mortise Integral Type Lock）。
6.其他掃卡式鎖錠（Card Lock System）。

鑰匙的鎖鍵常用金屬、壓克力類等刻上房間號碼，以防止住客遺失、帶走或掉入馬桶。現在的飯店也有住客外出時不寄

表7-3　國內國際旅館各部門鎖鍵品牌使用表

項目	飯店名稱	房部門	餐飲部門	管理部門
1	希爾頓飯店	YALE	SCHLARGE	SCHLARGE
2	來來大飯店	FALOCN	UNION	FALCON
3	福華大飯店	MIWA	MIWA	MIWA
4	老爺大酒店	HORI	WELSER	FALCON
5	全國大飯店	GOAL	GOAL	GOAL
6	圓山大飯店	FALCON	FALCON	YALE
7	高雄國賓大飯店	MIWA	MIWA	MIWA
8	凱撒大飯店	MIWA	MIWA	MIWA
9	麗晶酒店	MIWA	MIWA	MIWA
10	西華大飯店	SHOWA	SHOWA	SHOWA
11	凱悅大飯店	MARLOK	MARLOK	MARLOK

註：美國廠牌：YALE、SCHLARGE、FALCON、WELSER、MARLOK
　　日本廠牌：UNION、MIWA、HORI、GOAL、SHOWA

存櫃檯，以輕巧型鑰棒或掃卡式方便攜帶。客房多的飯店，住客亦多，出入飯店時寄存櫃檯不易辨別，另設卡片向櫃檯提示領取，雖然繁雜但是安全，在美式大型飯店中盛行（如**表7-3**）。

五、客房隔音

　　客房必須斷絕從室外傳進的噪音，及防止內部談話的聲音遺漏室外。提供住客安靜休憩的場所，遮音的處理是重要的條件。飯店完成後開幕營業，住客對飯店的抱怨第一因素，以

「不完全防音」居多。建築物從垂直或水平連續侵犯客房樓層的噪音音源有下列多種情形：

1. 客房內部：鬧鐘、電視、BGM、空調出風口、冰箱、步行、衣櫥門扇、抽屜操作、沙發床鋪軋音。在客房隔音方面最主要的地方為床頭櫃音響部分，一般旅館為施工方便，將相鄰兩間客房之床頭櫃背對隔牆而立，因管線配置關係，稍不注意即容易有空隙，床頭櫃緊鄰床鋪，夜間睡眠時間，若鄰房開啓音響，常會造成漏音干擾，因此，在施工時要考慮隔音空隙是否完全密封這種工作上的小細節，而非是否裝隔音牆的問題。

2. 客房互相間：電視、BGM、電話、門鈴、談話聲、窗簾操作、家具移動、步行、樓板傳聲從上而下、門扇的開關。

3. 公共走廊：鄰房的門扇開關、走廊行人談話聲、行李車、服務用車、鄰室的門鈴、布巾管道聲。

4. 電梯：電纜的振動、門扇的開關、行進間振動、樓層指示燈鈴。

5. 機械室：空調機房、排煙室、輸送管、冷卻塔、停車塔、屋頂或上層樓振動。

6. 廚房：洗濯、洗碗機、掉落物品、給排水、餐車、排煙機。

7. 餐飲場所：音樂、樂器、舞池、舞台設備移動。

8. 浴室、公共衛廁：給排水管、馬桶蓋板、沖洗器、浴窗、門扇操作。

9. 窗外部：市街道路的各種噪音、交通運輸、人、物。部分在道路旁的旅館，以雙層窗戶來達到隔音效果。

　　為了防止客房上述的各種噪音，必須從外壁、窗口、隔間牆、樓板、出入門縫、機器設備等方面考慮遮音的因應對策。都市飯店的噪音限制容許到何種程度，並非只是噪音的大小而已，依音源的種類，個人的差別亦有不同。以實際的經驗來說，戶外的噪音使用雙層窗或較厚外壁處理可達到遮音效果，反而是室內空調出風口的噪音、走廊足音、談話聲等所產生的問題較為嚴重，所以音量必須作綜合性的約制。

　　有關客房不影響談話噪音的容許限度，是以NC曲線圖、噪音容許值為設定基準。在設計上，選擇噪音規定的特性之表面材料、填充材料及細部的決定有很大的幫助。

　　有關外壁及隔間牆，在遮音上的要點如下：

1. 避免有空隙或空氣層的材料，如輕巧空心磚或重型空心磚，必須單面或雙面粉刷。
2. 有重量性的材料。
3. 有柔軟性的材料（橡塑類或鉛板類等接合使用）。
4. 施作時不留空隙。
5. 防震動性的多層壁注意鼓起現象。

設計上注意要點如下：

1. 一般材料目錄上表示的音源透過損失值是實驗室的測定值。但受限於施工的精細度、細部的組合是否良好，往往無法達到目錄上標準的測定值。
2. 與鄰室共用之隔牆的開關器、插座器、吊燈、家具等安裝配置，必須特別注意。左右對稱的客室插座、開關器埋入接線盒，常重疊或共通使用，是造成漏音的原因，有必要分離調高或從樓板配線。

3.隔間、天花板、壁面、地面的間隙，依施工性能及將來的收縮，有必要考慮使用填充材料。

4.平面計畫時避免臥室與鄰房的浴室相鄰共壁。

5.客房的臥室，有窗戶是很適當，但也要配合比例，不可誇大，避免使用雙軌式窗戶。

6.出入門扇下，輕拂地毯間隙在0.5公分以下。

7.如果與鄰室共同使用排氣管時，避免直接貫穿天花板，或裝設有遮音效果的彎曲導管。

8.地坪鋪設厚密的地毯較少麻煩，樓板強度不足是家具搬動及步行音源外漏的原因。樓板最低厚度要十二公分以上，必要的話加設小樑結構來彌補樓板。

9.高層飯店的外牆常用PC板或金屬帷幕牆，結構體樓板易有空隙，必須檢討結構體的耐火覆蓋層施工方法。

10.高層飯店的最高樓層多採用作餐飲、休閒等場所，因此餐飲的廚房及備餐室是一併配置。廚房的內部因玻璃杯類、鍋碗類掉落音，洗碗機沖洗聲及餐車等須考慮地板的構造。而營業廳內是BGM音響，可用厚密的地毯來防音，鋼琴、打樂器等所在的演奏台必須用雙層地板作根本的解決（如**表7-4**，**圖7-7**）。

六、房間各式消耗備品

旅館客房之消耗備品包括備品及消耗品兩種。備品包括的項目如浴巾、面巾、電視節目表、餐卡、文具夾、資料夾、吹風機、水杯、煙灰缸、電話簿、床墊、床鋪……等。消耗品包括信紙、牙膏、牙刷、男女拖鞋、沐浴精、衛生紙、浴帽、浴皂、面皂……等。茲詳列於**表7-5**。

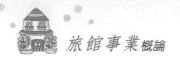
表7-4　容許噪音的標準

場所	容許噪音	場所	容許噪音
錄音室	20～25db	餐廳	50～55db
廣播、電視工作室	25～30db	公共廳堂	50～55db
法庭、教室	30～35db	百貨公司（一樓）	50～55db
圖書館、博物室	35～40db	總辦公室	55db
醫院、病房、手術室	35～40db	工廠、裝配線	55～60db
私人辦公室（有消音設備）	35～40db	郵局	55～60db
戲院、音樂廳	40～45db	舞廳	55～60db
旅館房間	40～45db	一般工廠	60～65db
公寓、住宅	45～50db	廚房	60～65db
教室	45db	機器房、公共事務室	60～65db
私人辦公室（無消音設備）	45～50db	機械工廠	65～70db
百貨公司（二樓及以上）	45～50db	發噪音之工廠	70～75db
銀行、小商店	45～50db	鍋爐工廠	75～75db
旅館大廳	45～50db	宴會廳	50～55db

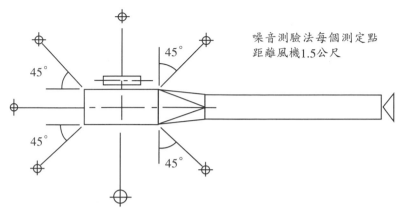

噪音測驗法每個測定點
距離風機1.5公尺

標準換氣次數					
場所	一次換氣時間（分）	場所	一次換氣時間（分）	場所	一次換氣時間（分）
裝配所	3-10	蒸汽浴室	0.5-1	庫房	2-10
禮 堂	2-10	廚房	1-3	會議室	2-10
麵包店	1-3	洗衣店	2-5	住宅室	2-5
銀 行	3-10	寄存室	2-5	藥劑室	2-10
鍋爐房	2-4	機工廠	3-5	室內游泳池	2-5
保齡球館	2-8	造紙廠	3-5	酒吧	2-5
教 堂	5-10	人織廠	3-10	舞廳	2-10
乾洗店	1-5	辦公室	2-5	夜總會	2-10
動力房	1-1.5	包裝場	2-5	餐廳	3-10
工廠（一般通風）	5-10	生產工廠	1-2	美容院	2-5
		飲食店	5-10	洗衣房	1-3
工廠（排煙）	1-5	零售店	3-10	奶酪廠	2-5
煆冶工場	2-10	商店（一般通風）	3-10	引擎廠	1-3
鑄造廠	1-4	商場	2-5	鐵工廠	2-5
修車廠	2-10	戲場	3-8	陶瓷廠	2-10
發電機房	2-5	廁所	2-5	電鍍廠	1-5
玻璃工廠	1-2	變更室	1-5	圖書館	1-5
體育館	2-10	電氣渦輪室	2-6		

註：許多人都有進入密閉空間後會頭暈的經驗，主要是換氣量不足的緣故，
　　因此換氣次數的考慮是空調設備工程主要考慮項目之一。

圖7-7　噪音測試及換氣次數表

表7-5　消耗備品一覽表

備品		消耗品		
浴巾	煙灰缸	水洗單	浴皂	茶包
面巾	急用手電筒	乾洗單	面皂	棉花球
小方巾	電話簿説明	燙衣單	V.I.P皂	備品襯紙
腳布	聖經	透明垃圾袋	浴帽及盒	水杯襯紙
餐飲簡介	男衣架	原子筆	沐浴精及盒	年曆卡
電視節目表	女方架	中式信封	洗髮精及盒	保險箱説明
早安卡	睡袍	西式信封	乳液及盒	晚報封套
早餐卡	冰桶	中式信紙	擦鞋盒	mini-bar帳單
套房簡介	肥皂缸	西式信紙	面紙	花果植栽
客房餐飲單	便條夾	飯店明信卡	衛生紙	其他
文具夾	IDD封套	棉花球	女性衛生袋	
請勿打擾牌	國際電話説明	梳子	水杯套	
打掃房間牌	棉花球容器	刮鬍刀盒	火柴	
小花瓶	毛氈	牙膏及牙刷	便條紙	
資料夾	床墊、床鋪	男拖鞋	小鉛筆	
套房用浴袍	床單、床罩	女拖鞋	針線盒	
防滑浴墊	飾畫	衣刷	意見書	
吹風機	其他	鞋拔	洗衣袋	
水杯		擦鞋袋	購物袋	
水杯盤		擦鞋卡		
			（參見各類消耗備品明細）	

第四節　客房設計與房務管理之關係

　　旅館之投資額八成以上投資於土地、建築物、機械設施及其他設備上。機械設備之保養屬於機械部門工作，而其他設備的清潔、保養則屬於房務部門（Housekeeping Department）的管理工作。客房管理的重點即是能夠提供客人一個清潔、無干擾、舒適的環境。房務工作如果處理得妥善，再加上旅館人員

的服務熱忱，旅客將會再度光臨。爲因應日後房務管理之需，而提出客房檢查重點，以利讀者連貫設計與經營理念。

房務管理檢查重點如**表7-6**、**表7-7**，提供讀者參考之。

第五節　旅館餐飲場所配置及其他

一、旅館飲餐飲場所配置

觀光旅館餐飲場所及廚房面積比率標準如**表7-8**所示，此爲觀光旅館建築及設備標準，且國際觀光旅館之餐飲場所淨面積不得小於客房數乘1.5平方公尺。

提供展示演出、節目企劃、宴席、開會等多功能的場所，在一般飯店通稱爲宴會廳或集會場。宴會廳、集會場實爲觀光旅館的新市場，帶給旅館無限的商機。由此可知旅館餐飲場所的設計應格外注重，**圖7-8**至**圖7-10**爲餐飲場所設計圖，提供讀者參考之。

二、會議與旅館營收的關係

一般所謂的"Convention"可分爲兩種：一爲由同業及性質相同之法人或個人爲會員的協會所辦的會議；二爲由企業組織所主辦，而其對象爲推銷人員或來往廠商的會議。前者爲Association Convention，後者爲Company Meeting。

在美國眞正以議會型的姿態出現的旅館爲一九六三年開幕之紐約希爾頓大飯店，今天在美國利用率高的旅館，大多屬於

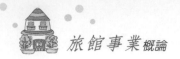

表7-6 房間檢查表

檢查項目	ITEMS	YES	NO	REMARKS
房門 鎖 內框 火警疏散圖 請勿打擾牌 走道燈	Entrance Door Lock Door Frame Fire Map D.N.D. Sing Hallway Light			
壁櫥	Clost			
門 輪軌及擱板 洗衣及購物袋 拖鞋 地板（衣櫥）	Door Rail & Shelf Lanudry & Shopping Bag Slipper Floor			
冰箱	Refrigerator			
裏面清潔 外表清潔	Inside Cleaning Outside Cleaning			
小櫃子	Cupboard			
燈 擱板	Light Shelf			
行李架	Baggage Rack			
化粧檯	Dressing Rack			
電視架及配線 雜誌 抽屜及針線包	T.V. Set & Wiring Magazine Drawers & Sawing Kit			
水壺及杯子、 摺紙（地圖、時間表） 花瓶及煙灰缸 鏡子及鏡框 燈及燈罩 化妝椅 字紙簍	Water Jug & Glass Folder Flower Uase & Ashtrary Mirror & Frame Light & Covers Dressing Stool Waste Basket			

（續）表7-6　房間檢查表

檢查項目	ITEMS	YES	NO	REMARKS
扶手椅	Arm Chair			
咖啡桌及煙灰缸	Coffee Table & Ashtray			
檯燈及燈罩	Table Lamp & Cover			
窗	Window			
玻璃 窗檯 窗簾及幔 窗簾前地毯 床頭板 床單 床下地毯 音響櫃 電話及電話墊子 煙灰缸 聖經及電話簿 溫度調節器 壁紙 天花板 空調出風口 地毯及角落 等身長鏡及框子 走道循環氣口蓋	Window Glass Window Sill Orape Curtain Carpet behind Curtain Head Boards Bed Spreads Carpet Clnder Bods Radio Table Telephone & Pad Ashtray Bible & Telephone Directory Thermostat Wall Paper Ceiling Air Condition Grill Carpet & Corners Long Mirror & Frame Hallway Circnlating Plate			
浴室	Bath Room			
門及門框 門阻 衣鈎	Door & Frame Door Stop Cloth Hook			
洗臉檯	Wash Counter			

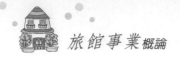
（續）表7-6　房間檢查表

檢查項目	ITEMS	YES	NO	REMARKS
燈及燈罩	Light & Cover			
鏡子	Mirror			
衛生紙及紙盒	Tissue Paper & Box			
面盆及龍頭	Basin & Faucet			
肥皂及浴袍	Soap & Wash Cloth			
煙灰缸及水杯	Ashtray & Glass			
擦鞋布	Shoeshine Cloth			
浴帽	Shower Cap			
剃刀及刀盒	Razor Biade Box			
備用衛生紙及滾筒	Spare Toilet Rool			
面巾及架子	Face Towel & Rcak			
廁所	Toilet			
沖水系統	Flush System			
馬桶蓋及坐墊	Toilet Cover & Seat			
馬桶底座	Toilet Bowl			
字紙簍及蓋子	Waste Basket & Cover			
電話	Telephone			
浴缸	Bath Tub			
牆壁瓷磚及浴缸邊緣	Wall Tile & Tub Edges			
肥皂及肥皂盒	Soap & Soap Holder			
蓮蓬頭及龍頭	Shower Head & Faucets			
蓮蓬水龍頭	Shower Curtain			
浴簾桿	Shower Curtain Rail			
浴巾及架子	Bath Towel & Rack			
天花板及循環氣口蓋	Ceiling & Circulating Plate			
地板瓷磚	Floor Tile			

表7-7　客房管理維護清潔作業檢點表

類別＼區域	日常實施作業或以這為基準執行		依定期、不定期之實施作業			向上級報告事項
	作業	要點	作業	要點	周期	
衣櫃類	底面的清掃				隨時	損傷、搖晃、軌道油漆脫落、燈球更換、備品衣架遺失
	門扇、櫥架的擦拭	自動點燈的檢點	內部木質保潔	漆面擦拭	六個月	
	木製加保護膜	灰塵、掛鉤的檢點		注意衣刷、鞋刷	每天	
	消耗品的補充	鞋刷、洗衣袋	備品檢點及補充		每天	
空調設備	室溫調整	依規定溫度設定	板葉清掃	或請專業者處理	三個月	機器的故障
	風量、風向的檢點	振動、噪音的檢點		過濾網清洗	三個月	
煙感知器灑水頭	外觀上異常的檢點	塵埃附著	外觀三個月、機能檢查	請專業者處理	六個月	機器的故障
	外觀上異常的檢點	無法敏感動作	礦質阻塞流量外觀六個月、機能檢查	請專業者處理	十二個月	
給水設備	冷熱水噴射的檢點	橡皮圈墊破損	陶器污垢去除清洗	請專業者處理礦質阻塞流量	隨時	器具搖晃、管線破損
	器具的擦拭	溢水口阻塞	矽力康的檢點	請專業者處理	隨時	
衛廁設備	內外部洗淨擦拭	陶器污垢附著	座墊的檢點	請專業者處理	每天	破損刮傷、緩衝橡皮脫落、矽力康脫落
	沖水狀態檢點	不用有傷陶器之用具	浴盆琺瑯補修	請專業者處理	隨時	
	金屬部分的擦拭	保持光澤		請專業者處理	隨時	
電器設備	TV映像的檢點	控制板的檢點	開關鈕除垢	請專業者處理	一個月	映象、機器不良，按鈕脫落，燈球更換，器具破損故障
	冰箱製冰的檢點	冷卻、雜音不良	臭氧的檢點	請專業者處理	一個月	
	燈具照明的檢點	燈罩去污、搖晃固定	開關的檢點	請專業者處理	一個月	
	電話的擦拭去污	收發訊號的確認	導線扭曲更正	請專業者處理	一個月	

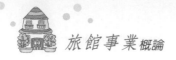

（續）表7-7　客房管理維護清潔作業檢點表

區域 類別	日常實施作業或以這為基準執行		依定期、不定期之實施作業			向上級 報告事項
	作業	要點	作業	要點	周期	
門扇	鎖錠的檢點	掛桿	手把的清掃		隨時	鎖的故障、搖晃接合不良、加油機械上的故障
	手把的擦拭	逃生指示牌的確認	掛鉤類去污	銅數字擦亮	六個月	
	門鈴的檢點	按鈕板的去污	門扇上去塵	窺視洞擦拭	隨時	
玻璃鏡項	局部去污	掌紋、油污、結露除去	全面擦拭	清潔劑使用	一個月	機械上的故障
鋁窗台類	加保護膜劑		擦拭、打蠟	青鏽除去	三個月	青鏽、刮傷
窗簾紗類	開閉順暢的檢點	吊鉤脫離	洗濯交換		三～四個月	煙痕、污染、變色
壁紙布類	汙垢龜裂檢點		靴墨的去污	床鋪附近較多	一個月	破損、脫離、龜裂
	開關板蓋周圍的去污		空調出口附件		六個月	
天花板類	水渣的去除	油漆龜裂	壁面的洗淨	照明的擦拭	六個月	破裂、脫離、污漬、變色
	音響的檢點	感知器、撒水頭的檢點	天花板排氣口清掃	排氣污垢頻繁	一個月	
地面	灰塵、污垢的去除	棉絮、紙屑較多	整體照顧	磁磚溝縫去污	三～六個月	器具的破損
地毯	用吸塵機類清掃，局部污垢去除	每日清掃不留鞋跡油性、水性分別藥除	邊桌、床鋪下清掃	銅壓條去污	二週間或每日	煙跡、浴廁、溢水、飲食、化妝品污損
椅子類	灰塵擦拭	落髮清掃	腳部去污	清潔劑使用	三個月	煙跡、搖晃、布料接縫不良、海棉結構老化
	局部污垢去除	食物、飲料污漬去除	木材加打蠟	專業者委託	三個月	
	木料加防塵保護劑	彎曲部分油脂去除	布料局部洗淨		六個月	
書桌類	加保護層膜劑	注意整理桌上備品類	木製品打蠟	漆面擦拭、化妝	隨時	煙蒂傷、落筆跡、控制板故障
	筆墨的檢點	玻璃、指紋、食物漬去除	腳部去污	品漬去除	隨時	
	音響開關的檢點	控制板、鬧鐘檢點	空調、TV板檢點		隨時	

表7-8　觀光旅館餐飲場所及廚房面積比率標準

類別 ＼ 區別	餐飲場所（淨面積）	廚房含備餐室（淨面積）
觀光旅館	一、1500平方公尺以下	至少為餐飲場所之30％
	二、1501～2000平方公尺	至少為餐飲場所之25％＋75平方公尺
	三、2001平方公尺以上	至少為餐飲場所之20％＋175平方公尺
國際觀光旅館	一、1500平方公尺以下	至少為餐飲場所之33％
	二、1501～2000平方公尺	至少為餐飲場所之30％＋75平方公尺
	三、2001～2500平方公尺	至少為餐飲場所之23％＋175平方公尺
	四、2501平方公尺以上	至少為餐飲場所之21％＋225平方公尺

註：參照觀光局，《觀光旅館業管理規則》附表一、附表二，1989年12月。

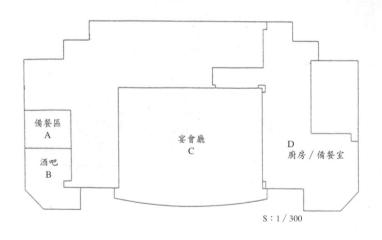

S：1／300

圖7-8　餐飲場所設計舉例

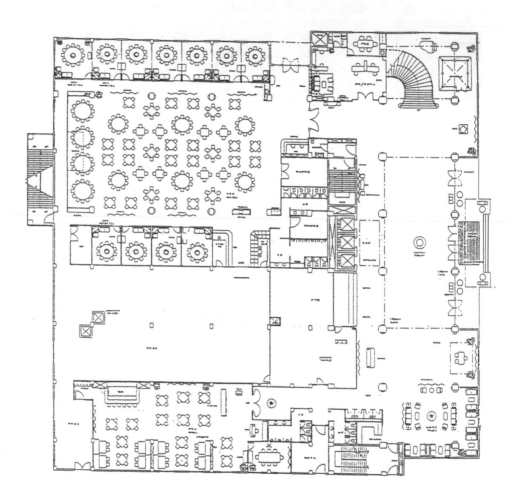

圖7-9　中央餐廳平面設計舉例（Ｉ）

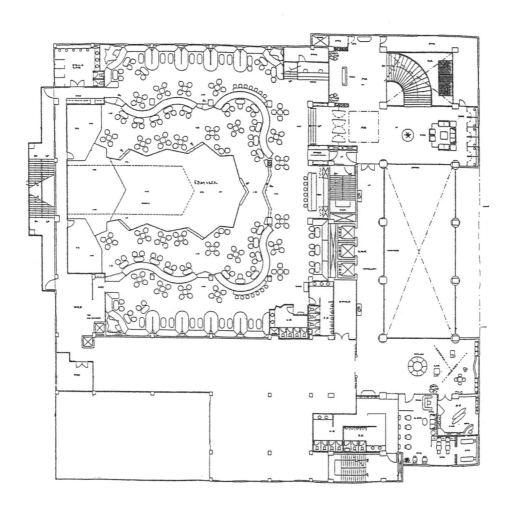

圖7-10　中央餐廳平面設計舉例（Ⅱ）

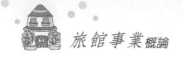

會議型的旅館。

　　由於會議的召開，增加了旅館客房部與餐飲部門的收入。對於遊樂地區之度假性旅館，利用淡季積極爭取會議的生意，而大型旅館爲了增加利用率及提高收入，也設有專任的會議推銷人員，努力爭取國際性的會議。

　　根據康乃爾大學所作調查，利用旅館的目的可分爲：

1.商用：52.3％。
2.開會：24.2％。
3.私用：4％。
4.享樂：17％。
5.其他：1.7％。

　　換言之，旅館的收入當中有四分之一是來自開會的收入。例如全美餐飲協會在舉行年會時，同時舉辦貿易商展，藉以推銷展覽會場內的展覽鋪位，而將其收益作爲協會基金。

　　旅館在推銷會議業務時應站在四個單位中間，從中與各方密切協調，給予協助合作，即(1)協會本身；(2)旅館；(3)展覽會場布置專家；(4)主辦展覽會之單位。

　　總之，要成爲適合舉辦會議場所的旅館應具備下列條件：

1.旅館的建築必須具有會議型的外觀與規模。
2.大廳內要有較寬的空間足以接待大量的會議參加者。
3.要有專設的會議場所。
4.除大型會議廳外，應備有各種不同形式的小型會議廳。
5.客房內的設備應較一般旅館的設備寬大，具備有沙發床，以便參加會議者隨時能夠在房內聚談小歇。
6.旅館應設有專人負責照顧會議的業務，如服務經理或會議

協調人員等。

7.旅館應齊備專為舉辦會議之詳細目錄，外表美觀，內容豐富，圖文並茂，包括會議場所之照片、平面圖及詳細說明。

8.經常與國際會議局取得密切聯繫，以便獲得開會的最新情報。

三、餐飲與廚房計畫之關聯性

在國內飯店的全部收入中，餐飲收入比率較其他國家略高。依觀光局的資料顯示，國際觀光旅館之餐飲收入為45％，都市型飯店約占有50％之比例。近年發展興起的商業型飯店，以住宿為中心，合理的營運目標，在餐飲方面收入也接近25％，這表示住宿與餐飲有很深厚淵源。

餐飲部門是飯店主要收入來源之一，茲將餐飲與廚房計畫之關聯性分述如下：

(一)企劃單位的意想的確認

飯店的餐飲關係範圍廣泛，希望由企劃單位提供意見。主要餐飲有西洋料理、中國料理、日本料理、專門料理、地方料理等種類。關於餐飲方面的菜單內容、營業時間、客層、客數（位數×回轉率）、預定每客單價、服務方法（服務員、自助式、部分自助沙拉吧）、付款方式（簽帳式、現金式、訂金式）等營運細節，需要由企劃單位提供資料及意見。在時間上是採集中或部分方式也是重要的課題。特別是商業型飯店，時間太集中時，用餐無法順暢，顧客容易流向外面周邊餐飲店。客房服務（R／S）在計畫上有很大的意義存在，依飯店的營運決定

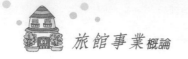

由哪一部門單位接受菜單，由哪一個廚房出菜，一般以營業時間較長的咖啡廳廚房出菜較多。從餐飲的內容及消費者的使用方式，可略知飯店的個性及水準。

(二)廚房的內容

在基本設計階段時，要和經營者或負責飲料部門者作充分的協調研討，特別是最近的調理器具如製冰機，冷凍、冷藏設備，洗碗機，搬運設備，殘菜處理設備均有顯著的進步，廚房內的作業動線，亦須配合新式機器設備為中心來加以應用。

平面設計上的要點，是如何來合理地縮短空間距離，從原材料的搬入、驗收、收藏、加工、配膳，到餐廳的服務、器皿的整理、殘菜的處理、食器的洗濯、收藏等作業流程。動線的縮短，除了可節省人事費外，與減低搬運時器皿破損、服務品質的提高均有相當的關聯。

館外資材的搬入，設計卸貨場以貨車台度為要，同一樓層可設置食品庫、廚房、餐廳較為理想。餐廳的位置，一般是配合住宿客、宴會客、外來客的動線，以及建築物各樓層規劃而設置，有分散式、集中式、立體式。廚房有主廚房、副廚房、配膳室等，大多與餐廳連結，主要是能有效地做整體設計，儘可能考慮減少資材、料理、器皿類的移動量。搬運的效率，採用人貨兩用壹台的電梯，比數台送菜梯更為有效。地坪有高低落差處，全部用斜坡處理，貼防滑地磚來區別其他地材顏色，加強警惕作用以防人物損傷。

(三)主廚房的位置

擁有大宴會場所的飯店，須設立專用廚房或副廚房，因為宴會廳或主要餐廳，料理的品質及準備時間各有不同，主要餐

廳的料理是時價的，而宴會廳的料理是配合客人單價而準備的。

　　在國內的都市型飯店，宴會料理大多以中式料理爲主，所以主廚房以中式廚具設備爲主。一般西式酒會或料理時，須從其他廚房先處理後，再把成品搬運至鄰近的配膳室或廚房加工來供應。餐飲展示冰雕（Icecarving）是一種現場的裝飾，對宴會是不可欠缺的，尤其在夏天，要注意高度及寬度，同時因會溶化，所以要在宴會開始前的一刻作好裝飾。冰雕大多從廚房中選擇靈巧的師傅來雕刻，但也有專業化的人。在飯店內雕刻時，與宴會場所同一樓層，有作業區域就很方便。製作時破碎冰塊，飛散四周又會溶化，最好選在冷凍庫前室，或有冷氣及排水設備的地方。從製冰工廠直接送達的大型冰塊分別雕好後，在組合時亦需有技巧，因冰塊受溫度激烈的變化時會破裂。

　　器皿種類繁多，收藏時食器庫必須注意到空間及重量，宴會用之器皿價格昂貴，比想像中的破損率還大，因此自動洗濯的運作、食器的搬運、收藏器皿庫的柵架結構均須妥善處理。

　　廚房是用水量多的地方，其地板經常處於潮溼狀態，除了維持管理需要有較多的空間外，在廚具的配置之同時，地板上如無排水溝或截油槽之設計時，殘渣廢物易流入排水管，造成不潔及堵塞。廚房的地材是用硬質刷毛器在地板上洗淨，所以必須用耐磨、耐水、防滑之良質建材。一般是採用有凸型防滑的克硬化磚，也有因食器等掉落的關係，使用橡膠類之地材達到遮音效果。

　　壁面多採用磁磚，一般施工多採用乾式，磚縫填充物加強牢固，明亮的表面耐髒，容易清潔處理。壁面的陰角、陽角處及地板的接點，須用有轉角的即製品磁磚。

出入口採單行道方式，要明確區分出口及入口。因使用推車，要有充分的寬度及高度，自動門的感應器亦須測試後再安裝。後場周邊聯絡的通道上，地板、壁面因資材的搬入、推車的進出容易破損或沾污，轉角處用不銹鋼片加以保固，水泥牆壁上粉光後用油漆或磁磚處理，在進出頻繁的出入口門片上，腰高一公尺以橡塑類（護條）加以保護、防撞。

倉庫，特別是食品倉庫，主要以儲藏生鮮食品為主，必須遵守物質保存的條件。嚴格地檢討在庫量後再決定倉庫、食品廣、冷凍庫、冷藏庫的面積及容積。因為多餘的空間，除了建築及設備、能源費用的浪費，也是資金及商品的浪費。飯店的倉庫備存之在庫量，從使用客的設定及過去的資料分析中準備，許可的話與廠商以簽約方式，緊急時，只接收必要量之方法是最好的。

最後有關垃圾殘菜處理的設備，因為對廚房有很大的影響，所以在計畫初期時，就須確定位置，普通集中在地下室或靠車道出入較方便的地方，分為乾式區、濕式區。乾式區以空瓶、罐、紙箱類較多，濕式區是餐廳食品材料的廢棄物。要確認垃圾清理的時間，因為有濃厚的惡臭氣味，所以要有專用的冷藏、冷凍設備來處理。磚牆水泥粉刷油漆會吸收臭氣，最好表面處理用磁磚或不銹鋼材質。殘菜經過機器絞碎後，用水流集中一個地方然後脫水，類似真空脫水系統方法亦可減輕保管空間。地下街有餐廳時，如是租賃關係，廚器設備通常由店主負擔，因廚房空間有限，設備方面就較不完善。

(四)廚房設計重點

廚房設計重點著重於省力自動、安全防災、衛生美觀、消音處理、區域溫控得宜及維護方便等。茲分述於下：

■省力自動

1. 自動切洗蔬鮮系統：自切剁→清洗→瀝水之蔬鮮切洗流程自動一貫作業。

2. 自動烹飪系統：自動化翻炒傾倒，自動化連續式油炸，自動化連續式烘烤等烹飪作業。

3. 自動煮飯洗鍋配便當系統：自儲米→乾米計量→送米→浸漬→濕米計量配米→炊飯→燜飯→洗鍋→翻倒→配飯→洗鍋→輸送→配菜→包裝之作業全自動化。

4. 自動煮漿系統：自儲黃豆→計量→輸送→浸漬→磨漿→煮漿→脫渣之作業全自動化。

5. 自動餐具回收洗滌系統：自污餐具分軌回收→輸送→殘渣傾倒碎雜→餐具洗滌→消毒→烘乾→堆疊之作業全自動。

6. 省力卸貨平台：大型或較重貨品的運送應設置省力滾輪，節省人力，縮短工時。全部自動化系統皆設置故障時之替代設備。

■安全防災

1. 排油煙罩、排煙風管、排煙管道間，適當位置皆設置專用滅火設備。

2. 防爆裝置：於安裝瓦斯期間設立裝置電源防爆燈、蒸汽設備附減壓閥安全設備，確保使用安全。

3. 警報系統：裝置瓦斯外洩警告系統、火警警報系統。

4. 安全測試：各項配管須作漏水、漏氣、測壓等安全測試，確保配管安全。

5. 人員安全：訓練操作人員正確使用方法及注意事項。

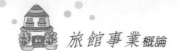

■衛生美觀

1. 高壓清洗；裝置強力高壓熱水清洗機，加入清潔消毒劑，定期去除設備所殘附之污垢。
2. 廚餘處理：規劃過濾沈澱系統及垃圾冷藏庫，分別處理有機廚餘與無機廚餘，避免病源滋生。
3. 油壓清洗：油煙清洗規劃兩道自動清洗設備，排煙道內具備自動清洗功能。
4. 排水處理：規劃自動沖洗式排水溝，末端裝設油脂截油槽。
5. 刀具清毒：消毒刀、瓢、匙、砧板……等廚房器皿，確保用具衛生。

■消音處理

1. 疏導噪音源：鼓風機、冷凍主機、風車等噪音產生源，專設處理間疏導噪音源。
2. 低噪音設備：冷卻水塔、鼓風機、風車等採用低噪音型產品。
3. 降低排煙速度：配合排煙量製作風管，降低排煙風速，減少風阻。

■區域溫控

1. 蔬菜魚肉清洗切剁作業區室溫20℃。
2. 冷凍庫庫溫−25℃。
3. 冷藏庫庫溫＋5℃。
4. 烹飪調理作業區室溫20℃。
5. 煮飯配便當作業區室溫25℃。

6.儲藏庫室溫20℃。

7.辦公室休息區室溫28℃。

■維護方便

1.預留檢修口：管道間、天花板於適當位置預留檢修口。

2.電氣控制室：廚房分設二處氣控制室，分區管理自動化系統，方便檢修故障源。

3.管路快速維修：全部管線與調理設備之接觸點，安裝快速接頭，力求維護簡速。

4.庫存維修零件：所有機件設備無論國產品或進口品，皆預存備用零件。

5.設備操作方便：所規劃設備以易操作、易控制、易維修保養為原則。

第六節　停車場及運動設施基本設計

運動可以強健體魄，也可舒緩身心壓力。在社會快速進步下，運動人口也急速增加。因此運動設施的數量除需要增加之外，其品質相對地也得提升。度假性旅館除客房及餐飲基本設施外，戶外活動空間考量非常重要，否則將失去休閒旅館的功能。

一、停車場及運動設施配置注意原則

停車場及運動設施配置時注意原則如下：

1.避免與鄰近的活動區產生衝突或危險情況。

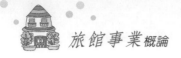

2.利用視覺屏障或緩衝地帶將運動區與鄰近使用地區隔開。

3.提供足夠的停車空間。

4.提供適當的服務動線,以方便維護管理。

二、設施種類

設施種類包含下列七項:(1)停車場;(2)網球場;(3)羽球場;(4)戶外籃球場;(5)排球場;(6)高爾夫球場;(7)游泳池。

(一)戶外停車場

休閒旅館大都位居偏遠度假地區,旅客必須使用車輛方能到達,因此停車場的設計成為第一優先考量重點。

■設計考慮要素

停車場須與道路及活動區隔開,以防相互衝突。

另外在停車場承載需求方面,均受下列各項設計考慮要素的影響:

• 停車方式及停車面積

1.路邊停車——因道路形狀(帶狀)停車的處理很不方便。故車道寬度未滿六公尺的道路不得路邊停車,又縱剖坡度超越4%的道路可設為人行道,超越6%的道路可設為車道,尚且車道寬度未超過十三公尺的道路不得路邊停車。是故為適應車道的寬度及交通狀況,要保持車輛通行所必須的寬度(最少三點五公尺)即可設置。

2.完全通過型——使用方便,但造價高、需求空間大(圖7-11a)。

3.需倒車型式——

(1)直角停車：在各種形式之中每部汽車所占面積最少，是最受採用的形式，亦是車道兩旁可以行車的方式。每部車面積二十八平方公尺，每公頃可停放三百七十五部車（**圖7-11b**）。

(2)與車道平行停車：適合於狹長的基地停車形式，但車道良好的效率寬度是三點五公尺，因此在建築物之中使用時就會成為一邊通行（單行道）。每部車面積二十九平方公尺，每公頃可停放三百三十六部車（**圖7-11c**）。

(3)與車道成45°停車：雖然進出流暢，但在各種形式中占地最多，每部車要三十三平方公尺，每公頃可停放三百三十六部車（**圖7-11d**）。

(4)與車道成60°停車：使用於比直角停車較狹的停車，每部車要三十平方公尺，每公頃可停放三百三十部車（**圖7-11e**）。

(5)交叉停車：是要除去45°停車所占多餘面積的形式，在大規模的平面停車非常有效。每部車占地二十九平方公尺，每公頃可停放三百九十輛車（**圖7-11f**）。

　　一般停車形式採用直角停車，其餘即以其他彌補為宜，尤其空間。例如每一跨距收容三部者，為滿足法定的停車部數，則以七點五公尺來考慮支柱的距離。

• 最小迴轉半徑

　　最小迴轉半徑因汽車種類而有所不同，由**表7-9**所示即可看出。

• 停車場坡度

　　停車場坡度以5％最佳，而坡度高達15％時，須小心設計

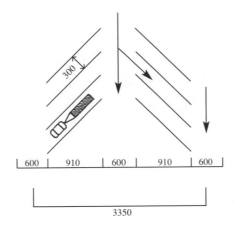

(a) 完全通過型

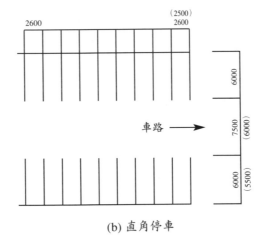

(b) 直角停車

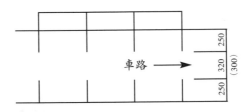

(c) 與車路平行

圖7-11　各種停車方式

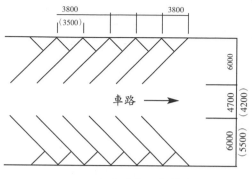

(d) 與車道成45°停車

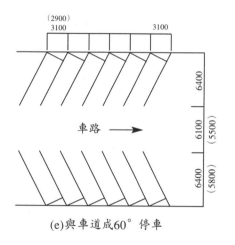

(e)與車道成60°停車

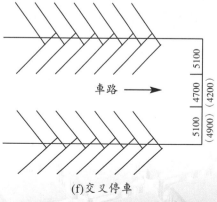

(f)交叉停車

（續）圖7-11　各種停車方式　　　　　219

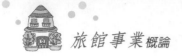
表7-9　各種汽車的最小迴轉半徑

汽車的種類	全長（m）	寬（m）	高（m）	最小迴轉半徑（m）
小汽車（1360cc.）	3.0	1.3	1.4	4.0
中型車（2000cc.）	4.7	1.7	1.5	5.5
大型車（2000cc.以上）	5.0	1.9	1.5	6.0
客車（50～60人）	9.0	2.5	3.0	9.3
小卡車（2T）	4.7	1.7	2.0	5.5
中卡車（6T）	7.5	2.4	2.4	8.7

之。

(二)網球場

　　國內打網球的人口已逐漸擴展至青少年，由於它可迅速達到運動的目的，因此許多人常利用清晨或夜間來從事這項運動。

■設計考慮要素

　　1.為了避免光線直接刺激眼睛，球場的設置要避免東西朝向。
　　2.注意球場的排水處理，以期雨後不會因積水而不能使用。
　　3.網球場周圍應設有休息區，以供運動者休息或觀看，注意其遮蔭。
　　4.若開放夜間使用，必須注意其照明設施。

(三)羽球場

　　羽毛球由於輕便易學，而且不需要特定的空間，因此極受大眾的喜好。

■設計考慮要素

　　1.球場避免東西朝向。

　　2.注意球場排水處理。

(四)排球

　　排球運動因需要特定的空間，而且得靠技巧才能獲取滿足感，因此並不似其他球類那麼普遍，但其運動人口也不在少數。

■設計考慮要素

　　1.球場避免東西朝向。

　　2.注意球場的排水處理。

(五)戶外籃球

　　籃球需消耗相當的體力，因此廣受年輕人的喜歡，而年輕人也常藉此運動達到交誼目的。

■設計考慮要素

　　1.籃球場的設置避免東西朝向。

　　2.球場規格如下：

　　　　(1)大學以上：長28公尺，寬15公尺。

　　　　(2)高中：長26公尺，寬15公尺。

　　　　(3)國中：長24公尺，寬14公尺。

　　3.殊場外應設置休息設施，並注意其遮蔭狀況。

　　4.注意球場的排水處理。

　　5.若開放夜間使用，得注意其照明設施。

(六)高爾夫球場

隨著國民所得日漸提高，高爾夫球成了一些高所得人士所喜好的時尚。在建造一座高爾夫球場之前，必須先瞭解這項運動的特性，然後經過整體的規劃，使基地的特性溶入設計中，以滿足打球者的需求（如圖7-12、圖7-13）。

■設計考慮要素

1. 正規的球場標準桿數是72，但考慮各球場的地理特徵不盡相同，因此標準桿數將可增減一二。
2. 球洞距離與標準桿，如表7-10所示。
3. 基地特性：
   (1) 大小：9洞至少需50畝，最好85畝。
   　　　　　18洞至少需120畝，最好170畝。
   (2) 地形不能太崎嶇亦不可太陡。
   (3) 自然特徵：基地內可能有一些自然的特徵，可以做為球場的天然屏障。
   (4) 可及性：沿著公路設一、兩個球洞，可以產生廣告效用，而且可使出入口明顯。
   (5) 土壤成分：由於球道及果嶺都需種植草皮，因此土壤的分析十分重要。最理想的高爾夫球場是砂質土壤。
   (6) 過去使用情況：考慮土壤的養分是否已被耗盡，是否足以供應將來種植草皮所需，詳加考慮這些因素可以使將來的維護更為簡易。
4. 事先估算球場的清理費用，包括球道中有多少樹木、灌叢及石頭需要整修或搬離，球道中是否有沼澤需要填土、抽水等，而其費用是否划算。

18洞單球道，以俱樂部爲起點，每9洞迴轉一次，共有兩次迴轉。

18洞單球道，以俱樂部爲起點，共迴轉一次。

18洞雙球道，以俱樂部爲起點，每9洞迴轉一次，共有兩次迴轉。

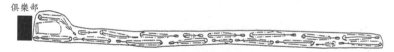

18洞雙球道，以俱樂部爲起點，並迴轉一次。

18洞核心式球道。

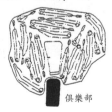

圖7-12　高爾夫球場基本設計型式

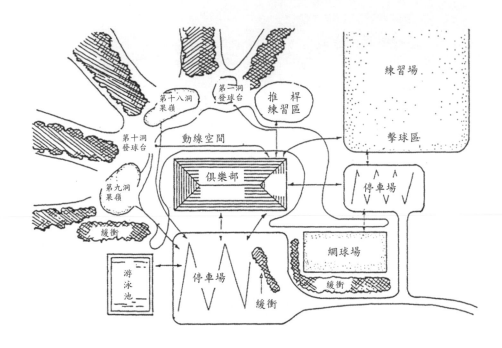

圖7-13　高爾夫球場及附屬設施

表7-10　球洞距離與標準桿

男	女	標準桿
250碼以下	210碼以下	3
251～470碼	211～400碼	4
471碼以上	401～575碼	5
	576碼以上	6

5.整個俱樂部需靠水電的供應才得以運作，兩者不可或缺，水的截取愈近基地愈好。

6.在附屬設施方面，整個俱樂部除了有一座高爾夫球場以外，可考慮增設網球場、游泳池、販賣亭、餐廳、停車場等。

7.球道設計：

(1)球道儘可能不要有東西朝向。

(2)從果嶺到下一洞的發球台之間，距離不得超過75碼，理想距離是20碼～30碼。

(3)第一洞的設計不要有障礙，長度最好在130碼～160碼之間。每一回合的困難度必須慢慢增加，讓打球者有足夠的熱身運動來接受下一回合的挑戰。

(4)第九洞應該包括2洞標準桿數3，2洞標準桿數5，以及5洞標準桿數4。

(5)儘量避免球洞距離在250碼～350碼之間，因為這等距離對標準桿3桿而言太長，對標準桿4桿而言又太短。

(6)果嶺設計必須平坦可見，沙坑及其他障礙物也應該明顯易見。

(7)球道設計不宜有太陡的上坡或下坡，否則容易造成精疲力竭，而且草坡不易維護。

(8)參考模式如**表7-11**。

(七)游泳池

　　台灣地區橫跨熱帶及亞熱帶，陽光充足，四周有豐富的海洋資源，陸上水資源亦很充足。由於近年來，國民對休閒需求愈來愈迫切，因此許多遊憩設施已呈現飽和。在政府逐漸開放海防之時，可預期的將來會有更多海洋遊憩資源可資利用，而

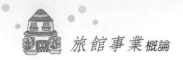
表7-11　高爾夫球道標準桿數及距離參考

洞別	標準桿數	距離
第1洞	標準桿4	380碼
第2洞	標準桿5	485碼
第3洞	標準桿4	400碼
第4洞	標準桿3	160碼
第5洞	標準桿4	410碼
第6洞	標準桿5	580碼
第7洞	標準桿4	420碼
第8洞	標準桿3	180碼
第9洞	標準桿4	440碼
第10洞	標準桿4	390碼
第11洞	標準桿5	550碼
第12洞	標準桿4	370碼
第13洞	標準桿3	200碼
第14洞	標準桿4	430碼
第15洞	標準桿5	520碼
第16洞	標準桿4	370碼
第17洞	標準桿3	220碼
第18洞	標準桿4	450碼

陸上部分也會因水庫的興建而使水供應不虞匱乏，因此開發水遊憩資源更顯迫切。

■設計考慮因子

• 戶外游泳池

1.游泳池的造型不可有銳角出現，一般造型可分為長方型、T型、Z型及L型。

2.游泳池與鄰近的主要街道應該設有緩衝地帶，其距離至少在六十至九十公尺以上。

3.游泳池及其相關遊憩設施的容納量最多不要超過四千人，亦即停車場的容納量不要超過一千二百輛。

4.除非經過事先妥善的排水設計，否則游泳池不要設在低地，避免四周的水向池中集流。

5.游泳池必須保持陽光遍照。泳池旁不要種植落葉樹，其樹蔭不要覆在池上。

6.在游泳池之外設置其他的遊憩設施，可以使整個游泳區的功能多樣化。

7.游泳池平台外必須用2.1公尺以上的圍籬圍住，以示警告。圍籬兩旁可用植物加以美化。

8.游泳池不要設在強風地帶。

9.游泳池平台面積至少為水面積的兩倍以上。

10.設置方便殘障者使用的輔助設施。

11.年輕人多的地方可以另設跳水區，該區每人所需面積至少2.3～3.6平方公尺。

12.若設有幼兒戲水池，其旁必須要有座椅設施，以方便父母監督。

13.水的使用：

(1)一般戲水池約占60%～70%，深度為0.3～1.2公尺。

(2)游泳池約占20%～30%，深度為1.5～1.8公尺。

(3)潛水池約占15%，深度視需要而定。

14.游泳池的池底及池牆最好為純白色，絕不能採藍色及綠色。

15.游泳池底及池牆不能採用太滑或太粗糙的材料。

16.考慮最經濟的水循環及水過濾方法。

- 海水浴場

1.年輕人是海泳的常客，然而收入、教育水準及社會地位高的人士更偏好具自然美的海濱。為使兩者活動不會彼此衝突，可以考慮劃定不同的區域及設定不同的出入口供之使用。

2.游泳常伴隨野餐活動的產生，因此兩者的活動區域應相通，不可有車輛穿越。

3.海濱地區的空間需求應視基地特性而有差異，**表7-12**為原則性的參考數據。

4.海灘區的深度最好是在六十公尺以內，由於前三公尺至十二公尺之間多為動態活動，因此不適合從事日光浴。

5.基地發展限制：

(1)岸上：沙灘坡度應在2%～5%。

(2)水上：水中的坡度應在5%～10%，7%最適宜。最深的地區不可超過1.8公尺。

6.衛生設備需求如**表7-13**所示。

7.化妝室：

(1)儘量接近海灘。

(2)假如這是一個海水浴場／野餐區的組合體，則化妝室

表7-12 海濱地區的空間需求參考值

單位：平方公尺／人

	水中	海灘	防風林區
最小需求	2.7	4.5	12
最大需求	5.4	9.0	36

表7-13 海水浴場衛生設備需求量

男用衛生設備

人數	廁所數量	便器數量	洗臉檯數量	浴室數量	更衣室數量
50	1	1	1	1	1
51～100	1	1	1	2	2
101～250	2	2	2	3	4
251～500	2	3	2	4	6
501～750	3	3	3	4	7
751～1,000	3	4	3	5	8
1,001～1,500	4	5	4	6	10
1,501～2,000	5	6	5	7	12

女用衛生設備

人數	廁所數量	便器數量	洗臉檯數量	浴室數量	更衣室數量
50	1	1	1	1	1
51～100	2	1	2	2	2
101～250	3	2	3	3	4
251～500	5	2	4	4	6
501～750	6	3	4	4	8
751～1,000	7	3	5	5	9
1,001～1,500	9	5	6	6	11
1,501～2,000	11	5	7	7	13

得設在兩者之間。

(3)化妝室內也應包括更衣室及其他寄物設施。

8.水供應設施：

(1)沒有沖水設備，則每人每天五加侖水；有沖水設施則每人每天十加侖。

(2)飲水設施應每隔七十五公尺設一處，飲水機應設置在建築物內。

9.停車場：

(1)距離二百四十公尺以內，最佳距離是一百五十公尺。

(2)容納量：應視海水浴場的容納量而定，為了增加用途，停車場的容納量可大於海水浴場的容納量。

10.食品販賣設施：

(1)距離海水七十五至一百五十公尺。

(2)型式不拘，小至一台自動販賣機，大到一個販售亭。

11.安全設施：

(1)救生椅每一百二十公尺一張。

(2)安全浮球及其他漂浮設施應離海岸線四十五公尺以內。

(3)救生站應該具有明朗的視線，而且車輛可及，以應付緊急事故。

12.其他活動區：

(1)儘可能離海灘很近。

(2)假如是海水浴場／野餐區的組合體，則這些活動區應該設在兩者之間。

(3)在較大的海水浴場，可以考慮在外環設立租船、租自行車的行業。

• 湖畔游泳池

　　注意水的品質及供水線，其他細節與海水浴場相似。

• 人工波浪游泳池

　　在無法享受自然波浪沖擊樂趣的地方，可以設置人工波浪
游泳池，但其造價昂貴。

凱悅／君悅（Hyatt）的歷史和類型

■凱悅的歷史

1957 凱悅的創始人Jay Pritzker（俄裔美國人）在距離洛磯機場一英哩外成立了第一家凱悅飯店。

1960 為了配合當時的市場需求，J. Pritzker於是在Seattle、Burlingame以及San Jose又建立了三家機場飯店。

1962 凱悅飯店集團（Hyatt Hotel Corporation）在美國本土增至八間，並開始進攻「市區」性市場。

1963 凱悅為拓展業務，特別推出一項針對秘書小姐們的全新行銷理念，稱為專用熱線（Private Line），同時在這一年凱悅聘用了一位朝氣十足的櫃檯接待Pat Folly。Folly在後來的十二年內晉昇為凱悅總裁（Chairman of Hyatt），這正印證了凱悅所堅持的「內部晉昇」的經營哲學。

1967 美國年輕建築師John Portman為亞特蘭大市的凱悅所設計的中庭式（Atrium Design）大廳推出後大受歡迎。凱悅也因此在旅館界嶄露頭角、名聲大噪。此大廳設計理念為飯店大廳設計開創了新紀元。

1969 凱悅飯店集團（Hyatt Hotel Corporation）為將其優秀服務品質延伸至其他國家，於是選擇在香港成立了第一家國際凱悅飯店。凱悅因此發展成了兩個組織：在美國本土上的凱悅飯店是屬於凱悅飯店集團（Hyatt Hotel Corporation）簡稱HHC，總部設在芝

加哥（Chicago），位於亞洲、歐洲及太平洋地區的凱悅飯店則是屬於國際凱悅集團（Hyatt International Corporation），簡稱HIC，總部設在香港。

1976　凱悅飯店集團（HHC）發展迅速，在美國十九個州成立了四十五家飯店，而國際凱悅集團（HIC）亦成立了十家飯店。

1983　凱悅推出「凱悅金卡」（Hyatt Gold Passport）行銷企劃，並於一九八七年統一發行給全世界凱悅飯店的客人。

1985　凱悅主力進攻觀光休閒飯店市場。

1989　國際凱悅榮獲「最佳國際連鎖飯店」獎，使凱悅在國際間的名聲更爲響亮。香港第二家凱悅飯店（Grand Hyatt Hong Kong）開幕。

1990　台北凱悅大飯店（Grand Hyatt Taipei）開幕。

1994　凱悅名下的飯店在三十一個國家增至一百六十八家，其中包括國際凱悅集團所成立的六十五家休閒及商務飯店，以及凱悅飯店集團所擁有的七間商務飯店及十六間休閒觀光飯店。

2003　凱悅飯店於二○○三年九月二十一日正式更名爲君悅大飯店。

■凱悅飯店的類型

　　目前全世界有一百七十餘家凱悅飯店，由兩大公司來管理。一家是凱悅飯店集團，另一家則是國際凱悅飯店集團，這兩家是不同的飯店管理公司：

　　凱悅飯店組織成立於一九五七年，管理所有在南美洲及北美洲的凱悅飯店，所以只要飯店所在地是在美國、加拿大或是南美，都是在凱悅飯店組織的管理之下。

　　國際凱悅飯店組織的總部於一九六九年在香港成立，除了南、北美洲之外的其它國家，其凱悅飯店均隸屬於國際凱悅飯店組織。

　　這一百七十餘家凱悅飯店分爲三大類型：

1. Grand Hyatt Hotels And Resorts：大部分建於一九九〇年代，外觀新潮，裝潢歐式古典，一定是蓋在每個國家的首都或最重要的城市，例如台北凱悅大飯店。

2. Hyatt Regency Hotels And Resorts：大部分亦建於一九九〇年代，比Grand Hyatt要小一點，其他的裝潢建築都大同小異，多建於一個國家的第二重要城市或商業中心，例如在台灣若要蓋個Hyatt Regency，就會選擇蓋在像台中、台南這種地方。

3. Park Hyatt Hotels：是Hyatt Hotels中最小型的飯店，屬家居式的飯店，大部分的裝潢都是利用新鮮的花、草、樹木……等等，走向於個人化的服務，和Grand Hyatt、Hyatt Regency的服務理念有點不同，Grand Hyatt大部分是做大型的，像大型的開會或大型的團體；而Park Hyatt則以一對一的服務較多。

　　這三種凱悅飯店中都有Resort，即度假中心，以其地點或大小來決定其爲Grand Hyatt級的或是Hyatt Regency級。目前凱悅所有的飯店皆歸納於這三種類型中。

第八章　旅館的機電系統設備

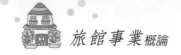

觀光旅館應提供每位住客及來賓最舒適的空間，日常生活上最常發生水、電、空調供應失靈的問題，服務品質的良窳常取決於這些硬體設備系統的規劃是否得宜，施工及經驗是否確實，因此，一位優良的旅館籌備人員應對旅館機電系統有通盤的認識，本書特將這些一般旅館管理書籍中未曾論述的部分，於此章說明之。

第一節　電力設備、空調設備及冷凍冷藏系統

一、電力設備

電力設備為旅館大樓內動力之泉源，電力係由電力公司供給，從戶外高壓輸配電引至旅館受電室中，再轉至終端使用的電器用品上，中間經過許多變電器、配電盤、電儀、幹線、支線、電線盒、出線口、各式開關等。電力系統包括下列各項：

(一)動力

供給電源到空調機器、各種風扇、泵、洗衣設備、電熱設施等。為防止停電時造成不便，有一緊急動力供電系統，由發電機在數秒之內即可供電。

(二)燈光

供給電源到一般照明燈具、緊急照明燈具、指示燈具、裝飾燈具以及各種小型電器插座等。

(三)變電站及配電設備

旅館專用的變電室內包括有變壓器、配電盤、電儀、防護斷路開關等。

(四)緊急發電機

電源中斷時，可用自備發電機供給電梯、緊急照明、通風及消防設施。緊急發電機能自動啓動及轉接到變電站之緊急供電系統內。

(五)弱電設備

電壓110伏特以上爲強電，110伏特以下爲弱電，旅館的弱電設備包括：(1)電話交換機系統；(2)消防系統；(3)客房指示器留言系統；(4)音響系統；(5)電視天線系統；(6)安全門防盜系統；(7)監視閉路系統；(8)翻譯設備；(9)夜總會聲光控制設備；(10)電視等。

近二十年來，較大規模旅館已採用安全性較高之不斷電供電系統，配合緊急發電機，以免因電路系統故障而影響旅館的營運。

二、空調設備

空調設備是昂貴的設備系統，是旅館機電系統中體型最大且占用的空間最大。空調系統必須耗用許多的能源才能正常運轉，旅館內一半以上的用電都用到空調系統上。

空調系統包括下列分系統：

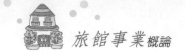

(一)水管系統

■寒水管系

溫度接近冰點，當循環入排管內，藉風扇把室內空氣循環吹過排管，空氣即被冷卻。

■冷卻水管系

寒水管系所吸收的熱氣由屋頂的冷卻水塔中散掉，散熱後，冷卻水又折回空調主機循環。

■排水管系

空內空氣中的水氣遇到寒冷的管排就會凝結成水，必須藉管路排出到屋外。空調用的排水管必須獨立，不得與排水系統所用的排水管併用，或把空調水管引入廁所中排棄，此為不當的設計。

■熱水管系

利用電熱產生暖氣，或利用鍋爐產生熱水作為暖氣。

(二)風管系統

■送風管系

冷空氣必須利用送風管引導分配到各客房及各角落，送風管系常附有適當數量的出風口。

■回風管系

冷空氣由出風口吹出而吸收室內熱量後，必須回排管再行冷卻。

■抽風管系

　　如廚房、洗衣房、鍋爐房、地下室、停車場、倉庫等必須有獨立的抽風扇和抽風管系。

(三)電力系統

　　空調系統應用獨立的配電盤和計費用電錶。各動力馬達有獨立的啓動器和防護裝置。

三、冷凍冷藏系統

　　旅館內的餐廳、廚房之冷藏庫、冷凍庫、食品陳列櫃等，均需利用冷凍冷藏系統。冷凍冷藏系統需要二十四小時運轉，但壓縮機和冷水塔風扇及水泵視需要作循環開關。

第二節　給水、衛生、排水系統

　　旅館建築中的水系統項目分述如下：

一、冷給水管系

　　從屋外自來水幹管分出一管，經主水錶後流入旅館內接水槽內，然後再流到清水池內，以揚水泵揚高到樓頂儲水池中，再以重力供水到各水龍頭。

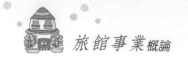

二、熱給水管系

熱水先經一個熱水器加熱後才由熱給水管系分配到各客房、廚房、咖啡廳、宴會廳等地方。

三、蒸汽與凝回水管系

從蒸汽鍋爐出來的飽和蒸汽,由蒸汽管分送到熱水器、廚房、洗衣房等處。

四、廢水管系

客房內浴室之洗臉盆、洗澡盆、廚房排水等所排棄的廢水,由廢水管收集後,一樓以上直接排放到館外排水溝中,一樓以下排到廢水池中,由廢水泵打到館外排水溝中。

五、污水管系

馬桶、小便斗有獨立的管系把它排放到基礎化糞池中,或館外化糞池中。

六、雨水管系

現代旅館建築都是平屋頂,應設專用之雨水排水管系,雨水集中後由落水立管排出到館外排水溝中。

就機電系統來講,各類管系的施工有先後的次序,但排水

管系占第一優先順序，否則館內的排水不能順暢地排出去，將對旅館造成很大的麻煩。

七、深井水與水處理管系

深井水即是抽取地下水，法令規定不准抽取地下水，因為恐地層下陷。一般大旅館有偷鑿井抽取地下水之事實，由於旅館用水量大，每月繳付水費金額太高，另一方面怕氣候乾旱缺水，如幾年前台灣鬧旱災，各地區都實施限水政策，旅館為求不影響營業，因此設法找水源，而抽取地下水。但地下水多不符合飲用標準，有些業主為節省自來水費，把地下水經過水處理後，把它注入清水池內，與自來水混合，以利揚高到屋頂儲水池中。

鑿井與水處理工程，從設計到施工完成均有專業公司承包。井水和水處理管系，通常位於地下室內，是一種獨立的管系。

第三節　消防設備

「消防法」的目的是為了保護生命與財產的安全，旅館建築必須依據建築技術規則，其中有關的消防、救生、避難等部分的說明，依此來裝置在旅館大樓內的消防管系和設施。

消防設施系統的管系如下：

一、消防栓管系

　　旅館每一層樓都會有玻璃門的紅色消防箱，箱內有白色水龍帶、噴水瞄子、太平龍頭等。只要拉出水龍帶，打開消防栓口，即有水自瞄子沖出。各層樓消防箱由立管連接，上通屋頂儲水池，下通基礎水池中的消防泵，也連通到旅館外的消防送水口，外來的水源得以供應。

二、自動撒水管系

　　此管系的立管上通屋頂儲水池，下通基礎水池內的消防撒水泵，及旅館外消防送水口，各層樓的水平管遍布於平頂各處，其下方每隔三公尺裝置一個自動撒水頭。平時撒水頭管內充滿壓力水，若某地方失火，該區撒水頭會受熱打開自動撒水，同時也會產生警報信號給火警受信總機。

三、自動泡沫管系

　　如地下室停車場發生火災，必須採用泡沫滅火。這種泡沫水自泡沫頭噴出即成泡沫，它的管系與自動撒水管系一樣，利用撒水頭與開放閥，當任一個撒水頭感受到熱打開時，開放閥能令其下游區域內的多個泡沫頭一起噴出泡沫而滅火。

四、氣體滅火管系

　　如電腦室、總機室、變電站及中央控制室，由於設備昂

貴，不適合利水或泡沫滅火，可以用大瓶裝的液態氣體滅火，氣體為二氧化碳，讓氣體充滿室內滅火，因二氧化碳會令人產生窒息，近來以哈龍（HALON）作為代替品來滅火。

五、手提滅火設備

火災若發現得早，小火可以用手提滅火器滅火，這種滅火器一旦打開，可噴出十幾秒鐘的白色粉末，即可滅火。每樓層皆可看到掛在牆柱上的乾粉滅火器。

六、防排煙系統

旅館發生火災，嗆死的人比燒死的多，煙比火更可怕。高樓建築都規定要有太平梯間，作為緊急逃生通路。在樓層屋頂上有強力抽風扇抽出煙，另有一支送風立管把屋頂新鮮空氣經送風扇打入每層樓的太平梯間，經送風閘門供入，使煙更容易抽出。火災時偵煙器偵出煙的存在後，經連動系統把閘門打開，並啟動屋頂的抽送風機。

消防設備裝置昂貴，平常又用不著它，許多業者心存僥倖，只應付政府檢查，一旦真正失火，常因此損失慘重，消防設施寧可不用，但不可沒有，這是旅館投資者應有的正確理念。

第四節　電梯設備

旅館屬超高層的建築，電梯為高樓層內的垂直交通工具，

因此電梯設備確實有它的重要性，茲依電梯用途、速度及機房位置，分項說明如下：

■電梯分類

電梯依用途可分為：

1. 乘人用電梯。
2. 載貨用電梯。
3. 緊急用電梯。
4. 觀光透明電梯。
5. 電扶梯。

■電梯速度

電梯依速度可分為：

1. 高速電梯：速度一分鐘一百二十公尺以上，馬達為直流、無齒輪驅動式。如上海金茂大廈，搭乘高速電梯僅四十五秒即可達八十八樓觀光廳，觀看美麗的夜上海。
2. 中速電梯：速度一分鐘六十至一百零五公尺，馬達為交流或直流、有齒輪式。
3. 低速電梯：速度一分鐘四十五公尺以下，馬達為交流、有齒輪或油壓驅動式。

■電梯機房位置

電梯機房依設置位置可分為：

1. 頂部安裝式：為最常用之一種，鋼索懸掛方式及附屬機件都簡單。
2. 側方安裝式：必須降低機房高度的安裝方式，鋼索的懸掛方式較複雜。

第五節 電腦及通訊系統

一、電腦系統

目前是電腦科技E世代，旅館的經營管理均需靠電腦的操作，既省時又省力，且效率高。有電腦就得有主機、終端機及連接的管線。電腦室的空調為精密之空調，且需要有鋁質之抬高地板，使連接之電纜均可走在地板之下方。

各型電腦的設備及安裝方式，應向供應廠商洽詢。為避免因電源中斷而影響電腦的運作，必須加裝「不斷電裝置」及蓄電池組。

二、通訊系統

旅館中的通訊系統亦十分重要，相關重點如下：

1.電話系統，採用最新科技ISDN全數位式電子交換機。其使用用途分為業務用內線及客房用內線，使相互之間不干擾，並提供相對功能之服務電話，達到交叉輔助及服務功能。各房間門號與分機號碼相互配合，方便旅客記憶。

假設某旅館系統，內線部分約1,000門（旅館415個房間），電信局局線約120門，全幢大樓合計內外線約1,200門。另設置有卡式及投幣式公共電話約20線，供旅客直撥國際、國內STD或市內電話用。

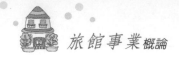
本電話系統亦提供客房國際電話、電報及傳真服務，更提供個人電腦使用全高速數據線路服務。

2.提供各種特殊服務功能電話，採Single Digit System撥號方式，達到服務及詢問之用，如：

Concierge	"1"
Front Desk	"2"
Room Service	"3"
Housekeeping	"4"
Business Center	"5"
Wake Up Call	"6"
Voice Message	"7"
Inter-Room Dialing	"8"
（Room To Room）	
Outside Line	"9"
Operator	"10"

3.各分機依不同使用功能，可設定為不同之服務等級，區分為內部通話、市外服務、長途直撥及國際直撥等等級，節省電話費用。

4.電話機採用最新型式按鈕式電話機，搭配電子交換機使用，並依功能使用不同分為：

(1)單線或多線式類比桌上型或壁掛型電話機。

(2)單線或多線式類比附留言燈電話機。

(3)單線或多線式類比無線電話機。

(4)兩線式類比附Data Port電話機。

(5)服務電話機（附客房號碼及旅客姓名顯示）。

(6)多線式多功能電話機。

5.客房另設連線掛壁機於浴廁內，以便收聽。

6.採用電子交換機，將使Switching時間縮短，並同時能作起床呼叫系統及留言訊號系統。

7.集中天線系統，採用共同天線系統分配至各接收機，每一客房出線口採用插座式天線連接。

8.經理及服務人員呼叫系統，採用天線感應方式，利用無線電接收機接收呼叫，使被呼叫人員能及時得知，以便迅速使用電話與呼叫人聯絡。

9.音響系統：按照區域使用，設計成數個頻道，以利各區做不同之廣播使用或並聯使用。

10.閉路電視系統採用VTR加入MATV系統，可於正常電視節目外增加一頻道，使全日供應節目以達宣傳效果。

11.設置電報交換機，以提供旅客訂房及使用。

12.對講機系統。

13.會議室系統：於會議廳內裝置，可同時使用六種不同語言。

14.放映系統。

15.電腦網路系統：經由電腦網路與電話網路結合，將各櫃檯帳單、訂退房資料傳送至管理部門及財務部門，客房並利用電話電腦網路，可與外界達成資訊交通往來。

第六節　瓦斯管系及廚房設備

　　旅館為求各樓層的安全，減少火警的發生，廚房均藉瓦斯管系由瓦斯公司供應瓦斯，由業主向瓦斯公司申請，由瓦斯公司派人來施工。瓦斯管為B級鍍鋅白鐵管，外面要包著特製的PVC膠帶。由於瓦斯內可能有水，所以水平管必須也有一個坡

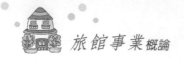

度。瓦斯的垂直管應有一個獨立的管道間，管道間的大小應能
容納工人在裏面施工。配瓦斯管需要有專業瓦斯工程公司負責
配管工程。瓦斯管也可以用來燒熱水鍋爐或蒸汽鍋爐，以提供
旅館所需的熱水或蒸汽。

　　天然瓦斯比空氣輕，每立方公尺發熱量八千九百千卡。廚
房設備的設計重點已於第七章觀光旅館設計理念中討論過，讀
者可參閱第七章。

第七節　中央吸塵設備

　　觀光旅館內的灰塵必須清除，旅客才會住得舒適，目前有
一種中央吸塵主機，它是利用多段抽真空機器把一個吸塵槽保
持高度真空，利用管路把館內的吸塵插座連接到此高真空槽
上。清潔員只需要用一個吸塵把和一段橡皮軟管，將此軟管頭
插入吸塵插座，即可作吸塵工作，灰塵可直接被吸入真空槽
中，槽中有過濾網袋，將灰塵積聚到吸塵網袋中。這種吸塵方
式比一般的插電式真空吸塵器效率要更好。吸塵管可以用PVC
管裝配，設計管線及真空管線的施工工作由中央吸塵機的廠商
提供。

　　吸塵的目的是使客人覺得舒適、旅館保持衛生、保護空氣
調節機械之耐久性，並且維護建築物、備品及商品的價值。

　　清掃的種類有二種，第一種是日常清掃及定期清掃相互配
合運用，另一種方法是委託專業清潔公司處理。

　　目前很多飯店都委託外面的專業人員清掃，其優點如下：

1.簡化勞務管理的繁雜性。

2.因作業專門化,效率提高,且因業者的競爭,價格較低廉。

第八節　洗衣設備及用量評估

　　雖然在國外有關布巾類或從業人員的制服,一般以租賃的方式較普遍,除了對客人衣物處理外,由布巾供應專門公司來提供及委託負責清洗。而國內飯店的布巾備品及從業人員的制服是飯店購置,由飯店附屬的洗衣設備部門來處理。總之,任何方法均需依飯店的經營意願來決定,自設洗衣部門的困難點及其理由如下:

1.大規模的洗濯設備的資金投入是否合算,由專門的布巾供應公司來收集飯店的物品加以處理,可能較符合經濟效益。

2.洗衣部門的人事費用,雖可依公會或業界的慣例,控制在合理的範圍,但由飯店直接經營時,可能會影響整體人事費用。

3.排水處理等附屬設備的資金亦大。

4.在飯店的經營上,因鉅額的布巾類之投入而資金停滯。

　　因此,如果要委託館外的專門公司,平時要保持一定數量的備品,確保布巾儲量及其出入動線。而自擁設備處理的情況時,便需依洗衣業界正規的流程。一般飯店大致分為布巾類及制服類兩種,布巾類儲室設立靠洗衣房附近,而制服類儲室設立在員工更衣室附近較方便,腹地大時可考慮統一管理,以節省儲存空間及人力。

一、各項布巾制服之分類及存量

(一)各類布巾制服分類

有關飯店各部門使用布巾制服分類如下：

■住宿部門

客房床單、枕套、床襯墊、床罩、睡衣、睡袍。
浴室：浴巾、面巾、小巾、浴墊巾。

■餐飲部門

客用：桌巾、檯巾、口布、其他。
廚房：廚師制服、廚帽、圍巾、擦盤巾、檯布巾等。

■從業人員

制服、領帶、頭飾帶、特別制服（和服等）。

■備品部分

窗帘、窗紗、活動地毯、腳墊布。

(二) 各項布巾存量

有關各部門使用量分述如下：

■飯店客房部門

飯店客房部門其布巾儲存量為：

床鋪數量×80％×6÷床鋪數量×5套

■**餐飲部門**

餐飲部門所需布巾存量：

檯桌布：桌數×3倍

口　布：桌數×4×3倍

其他用有：桌數×2×3倍

廚房用雜項：依餐飲、宴會場所的規模而定，約實際使用
　　　　　　數的2倍。

廚師制服：2天1次　廚師人數×3套

圍巾：每天1次　廚師人數×3套

服務員制服：每週2次　人員×2套～3套

圍巾：每天1次　人員×2套～3套

二、洗衣設備面積

洗衣設備面積理論上依飯店規模、人力、服務等級而定，可參照下列指數表。就實務而言，各觀光旅館洗衣設備面積及房間數之指數比較如**表8-1**。

客房1,000間×0.40～0.45坪／間，約450坪

客房700間×0.35～0.40坪／間，約280坪

客房500間×0.30～0.35坪／間，約175坪

三、洗衣機器種類

各飯店現有布巾類之洗衣機器，多數採用進口設備。因廠牌繁多，選擇規格及種類時，務必考量將來機器更換的空間及零件等問題。機器的名稱有下列幾種：全自動洗衣脫水機、全

表8-1　觀光飯店洗衣房面積及房間數量指數比較表

店別 ＼ 洗衣房	設備區（坪）	其他區（坪）	全面積（坪）	房間數（坪）	比率（％）
來來大飯店	167	73	240	705	0.34
福華大飯店	145	50	195	606	0.32
國賓大飯店	105	45	150	477	0.31
希爾頓大飯店	100	30	130	500	0.26
西華大飯店	102	73	175	349	0.50
凱悅大飯店	249	171	420	873	0.48
麗晶酒店	140	40	180	577	0.31
凱撒大飯店	50	20	70	250	0.28

自動烘乾機、全自動平燙機、全自動綜合摺疊機、領口（袖）平燙機、衣袖整型機、肩部壓板機、機身壓板機、襯衫摺疊機、人體整型機、號碼機、褲管壓板機、褲頭壓板機、箱型綜合整型機及其他。

四、洗衣設備作業說明

在觀光旅館企業中，洗衣作業問題的解決，通常有兩種方式：一是旅館內部自設洗衣部門，二是將所有需要洗滌的衣物送出去讓外面的洗衣公司處理。

■作業種類

1.洗滌（Laundry）：普通稱為水洗。
2.乾洗（Dry Cleaning）。

3.整燙（Pressing）。

4.縫補（Sewing）。

■作業程序

1.旅客衣物──接受→檢查→分類→訂號→開單→送洗→檢
   查→縫補→整燙→整理→核對→發出。

2.旅館公物──接受→分類→開單→送洗→整燙→檢查→縫
   補→整理→核對→發出。

■注意事項

1.受洗時一定要檢查有無破損、數量是否正確。如有破損及
   數量不符時，應予退回，徵求客人之同意後才洗，以免發
   生糾紛。

2.檢查質料是否會褪色，有無特殊污點。

3.將何種為水洗、乾洗分出來。整燙者，應另放一清潔處，
   以免弄髒。

4.送洗時應將毛織品、化學品、綢緞品分開。整燙時亦應注
   意，衣物質料不同，適宜的整燙溫度也不同。

5.如不能用機器洗滌時，應用手洗。

6.客人衣物，每件均應打上號碼。

7.洗衣單應註明送洗時間。

8.發票應立即送交櫃檯收銀員入帳。

9.用高溫洗法時以棉織物為主，並以攝氏八十度左右洗滌，
   其洗劑有肥皂蘇打、漂白劑、高溫劑。低溫則用肥皂、肥
   皂粉。

10.用高溫洗滌時，先將溫度升高，邊洗邊降低，如果突然
    放低溫度，原來除去的污點會因水的關係又附著於衣物

上。

11. 多少衣服應放多少水量及洗劑也要注意，不可浪費。三磅高溫肥皂要加入一磅的蘇打。燙衣時一磅的漿糊要配三加侖的水。濃縮漂白劑要加倍稀釋。

12. 脫水時間普通綿布類的需三十分鐘，巾類約三十至三十五分鐘，可脫去水份約80％。毛織類則需三至五分鐘左右，太長會損壞纖維。

13. 乾衣機不可放大多的衣服同時乾燥。

14. 床單、檯布、枕套、餐巾等不必放入乾衣機中乾燥，用燙滾筒整燙後即乾燥，其蒸氣壓力應在五公斤到八公斤之間為宜。

15. 整燙滾筒之運轉速度應控制並儘量不使它空轉，放慢時乾燥效果較佳。

16. 拉整燙滾筒之布巾類時，同時要注意是否洗乾淨，如發現不乾淨或破損時應另外處理，以免發出使用，影響服務及聲譽。

17. 清洗看似毛織品但實際上加有化學質料的衣服時，應特別小心，以免變形。

18. 化學質料之纖維品一律不可加熱，否則會縮束變型。

19. 有些衣料不可用蒸氣壓燙，應用手整燙。

20. 衣物發出前，必須再核對一次房號、姓名、件數，並集中放置，以待發出。

21. 洗衣房應設立各種登記表冊及帳務處理報表。

　　旅館的洗衣作業若是交由外間的洗衣坊處理，則應將店內需要使用的布類用品預作估計，因為此等布類用品通常是採取租用的方式，而非由飯店特別購置。這種方式並不意味著旅館

的布巾類用品在品質上不很講究,相反的,洗衣業者總是依照旅館所需求的品質而購置出租的布巾類用品。這種情形對於旅館來說,可以減少一筆資金的開支。但如租用的布巾類用品在式樣上或種類上非常特殊而需要訂製時,洗衣業者會向旅館方面要求一筆押金以作保證。

布巾類用品由旅館內部的洗衣坊自行洗滌,其使用壽命較之於交由外間的洗衣坊洗滌要長得多。由旅館自行洗滌的布巾類用品,耐洗的次數平均值約爲:床單類四百至八百次,枕布類四百五十次,毛巾類三百次。但是這種數字會受到很多的因素影響,並不是單純的洗滌問題。

餐飲部門使用的布巾類用品有棉製的也有麻製的,餐巾幾可耐洗一百三十二次,桌布大約是五百次。以桌布而言,稍有破損,可用織補機織補而延長其使用壽命。旅館由自備的洗衣坊對一切布巾類用品進行汰舊換新工作,較之於交由外面的洗衣坊處理,可能會減少浪費15%左右。但是這種情形也不能一概而論,因爲其中還有各種因素值得考慮。這裏需要指出的是,住旅館的客人大都喜歡帶走旅館的洗臉毛巾作爲紀念品,所以旅館方面應當注意這類毛巾的品質與式樣的設計。

五、布巾類用品洗滌合約

大型或中等規模的旅館,布巾類用品包給外間洗衣坊洗滌時,其耐洗的次數大致是:床單兩百五十至三百次,枕頭布一百五十次,毛巾類一百五十次。這和上面的數字比較,顯然看出耐洗的壽命減低了一半。餐飲部門的布巾類用品也是如此,餐巾僅能耐洗七十五次,桌布是一百至一百五十次(以上次數均爲平均值)。

　　旅館的布巾類用品包給外面的洗衣坊洗滌，還需要若干額外的費用，諸如分類、特殊式樣的摺疊、特別送貨服務等等。旅館方面如果考慮其布巾類用品包給外面的洗衣坊洗滌，經理部門在和承包的洗衣坊簽訂合同時，應將合約交給這方面的管理人員過目，或者事先和他們商訂合約的內容。而且如果可能的話，簽約之前應先經過一次招標比價的手續，比價的家數通常是三家。

　　簽訂布巾類用品包洗合約時，應當考慮下列事項：

1. 交貨服務：交貨的天數、每天交貨的數量、每天交貨的時間。
2. 洗衣坊如何處理客人的衣物。
3. 洗衣坊的修補工作能做到什麼樣的程度，他們是否負責滌除衣物的特別污漬，或者必須由旅館處理員規定除污的方式。
4. 洗衣坊使用的一切補給品是否最佳品質。
5. 毛巾及被單的摺疊規格。
6. 洗好的制服必須附有掛釣。
7. 如果洗衣坊有保險，應弄清楚他們投保保險的內容，諸如機械損害賠償、物品短缺索賠等等。
8. 付帳的方式，是每周或每月結付一次；周末或例假日是否提供臨時緊急服務。
9. 布巾類用品進出洗衣坊時，應有一個確切的計數方式，以免發生任何差錯。
10. 洗衣坊的收貨及交貨的設備如何。

　　建立洗衣坊制度的重要條件之一是能適時地滿足需要，也就是說無論什麼時候，客房裏需要任何布巾類用品時，都能立

即提供。這情形不僅表示客房服務的週全，且也說明了洗衣坊的工作效率。要做到這種程度並不困難，只要製訂一份完整的存貨清單，而且要使櫥櫃內儲存充分而齊全的存貨（布巾類用品）就行了。

　　旅館的一切布巾類用品如果是由外面的洗衣坊承包洗滌，則應嚴格規定交貨的日期與時間，俾能適應滿足需要。

六、洗衣房設備用量評估之舉例說明

■條件

　　1.房間數124間，其中雙人房58間、單人房59間、高級套房3間（每一套備有單、雙人房各一間）、總統套房1間（雙人房）。

　　2.餐桌數38桌，預估400人（每桌10人）。

　　3.員工人數預估600人計。

　　註：(1)套房每間有兩個衛浴間；(2)總統套房有兩個衛浴間。

■衣物處理量概估

　　衣物處理量概估可參見**表8-2**。

■計算每小時之處理量

　　1.以每天工作10小時計，1,813公斤÷10＝181.3公斤。

　　2.水洗時間每次約為45分鐘，即181.3公斤×45／60＝135公斤。

　　3.結論：

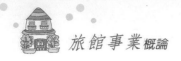

表8-2　衣物處理量概估表

單位：公斤

品名及重量	雙人房	單人房	套房	總統房	餐桌	員工	總處理量
床罩　1.2	$\dfrac{58 \times 2A^*}{14}$	$\dfrac{59}{14}$	$\dfrac{(3 \times 2)+(3 \times 1)}{14}$	$\dfrac{1 \times 2}{14}$			16
床罩　0.5	58×2	59	(3×2)＋(3×1)	1×2			93
被單　0.5	58×4	59×2	(3×4)＋(3×2)	1×4			186
枕套　0.15	58×8	59×4	(3×8)＋(3×4)	1×8			111.6
浴巾　0.55	58×2	59×2	12×2	1×6條			145.2
中巾　0.3	58×2	59×2	12×2	1×6條			79.2
面巾　0.2	58×4	59×4	12×4	1×8條			104.80
地巾　0.175	58×1	59×1	12×1	1×2條			23
手巾　0.1					2,000條		200
大檯布　2					34×4B*		304
中檯布　0.8							
小檯布　0.56					25×5C*		70
圍巾　0.3					400條		120
制服　1.2						600/2D*	360
							1813

*註：(A)假設床罩每14天換洗一次，因此每日處理量爲床罩總數量的1/14，每一間
　　　雙人房有兩張床，所以床罩數要×2。
　　(B)檯布數量以每日早、午、晚、宵夜四餐計算。
　　(C)小檯布容易弄髒，故以乘以5爲係數。
　　(D)600位員工制服，以2天洗一次爲原則。

(1)每日酒店總水洗量爲1,813公斤，住客衣物送洗量預估
　　爲10％，即181.3公斤。

(2)每小時水洗量135公斤。

(3)因設備型號規格選擇以每小時130公斤計。

第九章　廿一世紀旅館產業新市場
——SPA水療與溫泉

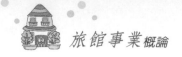

第一節　認識SPA與KURHAUS

一、SPA的歷史沿革

　　海水可以治療人類的疾病在公元前五百年歐洲就有此項文獻記載。古希臘人認為海水有清洗惡性腫瘤組織與刺激神經的功效。羅馬帝國時期，百姓利用水療法醫治宿醉與精神錯亂的疾病，當時，奧古斯都大帝浸泡海水治療熱病。十六世紀，法王亨利三世利用海水治療皮膚病。

　　水療一辭泛指用水治療。海水療法是指用海水治療，沐浴療法為用自來水治療，礦泉療法是指用泉水治療。

　　水療源自於礦泉療法，十九世紀末，英國與法國沿海出現第一批海療中心，主要針對肺結核與脊椎炎病患。但由於抗生素的發明，因此這批海療中心逐漸沒落。

　　一九六〇年代，法國運動選手波貝特設立了一家海水治療中心，正式引用「海療」這一現代用語，而海療在全球又再廣受歡迎。

　　在一般大都市與內陸地區，因無法取得礦泉與海水，才有治療中心的興起。水療有醫療的效果，也是休閒活動項目中的明珠。目前台灣採周休二日，國民所得提高且又有多餘空閒的時間，從事水療的觀念與活動，在台灣應會蓬勃地發展且這是大勢所趨。

二、SPA的文化

溫泉療養池（SPA）約在十五世紀起源於比利時，是從比利時列日市的一個叫作SPAU的小山谷得名而來的。這是一個含有礦物質的熱溫泉區，山谷附近的居民來此洗溫泉，治療各種疾病。

第一次世界大戰後，現代醫療技術不斷更新，傳統溫泉療養池在醫療目的與效果的重要性受到強烈挑戰，因而逐漸式微。但歐洲人對溫泉療養法的習慣逐漸形成。

今天歐洲許多工會及公司，在假期間招待員工到以治療、休閒為主的溫泉地區，享受五至七天的旅遊及維護身心健康。

德國是開啟這種風氣的領導國家。十七世紀，德國人在溫泉區興建供病人復健用的溫泉保養館，德文名為KURHAUS，在十八世紀便風靡歐洲各國，德國政府更斥資興建KURHAUS，鼓勵國民前往度假、療養，並由政府補助保險費，每年平均有八千兩百萬人次受惠。

(一)美國創造活潑的SPA文化

第二次大戰後在美國，以醫療目的為主的水療加入運動、減肥與美容的新觀念，並結合旅館業，而產生本質上的變化。

旅館業經營者發現將旅館與溫泉水療合併，可提供業者一種新型的競爭策略時，溫泉水療區的數目呈現暴漲，在一九八○年代末期達到顛峰，並延續至今。

(二)日本湯文化──SPA

日本是沐浴文化發達的國家，日本人稱溫泉為湯。一九七

四年，日本正式引用KURHAUS的技術，並融合日本湯浴文化及現代運動生理學，將溫泉保養館的功能加入SPA。目前日本全國的KURHAUS總數多達數百座，日本厚生省將這類溫泉保養館列爲重點推廣設施。

(三)SPA文化在台灣萌芽

台灣的溫泉療養池起源由來已久，較有名的溫泉在北部有北投與宜蘭礁溪。苗栗、新竹地區溫泉面積較小，而台東的知本溫泉早已出名。在台灣洗溫泉的消費者爲五、六十歲的中老年人爲主。隨著GNP的提升，台灣人民生活富裕且休閒時間增加，國民重視休閒品質，SPA文化也從傳統溫泉中蛻變萌芽。由國際專業水療公司協助規劃訓練的有威京集團的亞太會館及台東知本富野的溫泉SPA，未來將陸續有數家財團投資不同類型的SPA開幕，這是台灣人民的福祉。

三、SPA的類型

SPA發展至今，大體可分爲五種類型：

1.美容溫泉療養地（Beauty SPA）。
2.健康與減肥溫泉療養地（Health & Slim SPA）。
3.醫學溫泉療養地（Medical SPA）。
4.現代美容沙龍（City & Day SPA）。
5.綜合性SPA。

今將五種類型略述於下：

(一)美容溫泉療養地

這類溫泉療養中心以美容為主，顧客大多為女性，像義大利的蒙地卡提尼，即為著名的美容礦泉浴療勝地。此護膚中心提供純氧森林浴，引進歐美儀器，直接對臉部灌注新鮮氧氛，再配合簡易的頭部按摩，使頭腦清醒。

(二)健康與減肥溫泉療養地

典型的例子為美國艾維達溫泉療養地。提供的療程有臉部、手部、腳部的美容，以及養生、塑身、減肥的項目，以女性客戶為主。這類型的溫泉通常可以飲用，且對腸胃的疾病有療效。療養地四周有庭院與游泳池，可供客人進行游泳、騎腳踏車等運動。

(三)醫學溫泉療養地

這是療養地最古老的類型，客戶最主要的是治療身體宿疾。在瑞士、德國、法國，醫療性的SPA不勝枚舉，一般醫療性的SPA都設有專業醫生健診或諮詢。其他如整型外科、疼痛、抗壓、體內環保、人體淨化、大腸水療等不同主題的醫療性SPA，也到處可見。

(四)現代美容沙龍（Day SPA）

台灣以台北市亞太會館水療區為代表，為綜合性的休憩區，融合水療、健身、美容三大重點。健康中心提供客戶游泳池、健身房、迴力球室、各類室內健身器材的各種運動設施。水療區完全以水力按摩為主，供應多種水力按摩器材，並搭配美容中心的美容化妝保養。會館負責設計健身、水療到美容的

整套療程。客戶做完療程後可在二樓用餐，更上層的部分則是旅館部。

(五)綜合性SPA

近年來全球SPA的設立，格局與設備愈來愈大且愈先進。歐美國家喜歡定點旅遊，台灣民眾隨著假日的增加，逐漸改變旅遊的方式，因此綜合性SPA在台發展潛力指日可待。

四、水療執行之禁忌

當客人作水療療程，必須注意身體的狀況，有嚴重心臟病或高血壓者，或是懷孕婦女，不可作水療療程。水溫保持低溫時，如不確定客人之身體狀況或客人第一次作水療時，將療程時間縮短十至十五分鐘。水療前後一小時，不使用蒸氣浴、桑拿或按摩池。客人作完療程後工作人員必須把客人帶到休息區休息二十至三十分鐘。客人在休息區可以放輕鬆，等待下個療程。

五、水療事前準備事項及程序

(一)客人進入房間前之準備事項

1.檢查房間溫度，溫度必須舒適。
2.房間燈光必須明亮。
3.浴缸必須注滿，水位應在最高的注水孔下方。
4.檢查水溫。

5.準備毛巾、保養品及浴帽。

(二)全部水療程序

1.服務員帶領客人至淋浴間，解說整個療程及警報系統。

2.詢問客人是否聽音樂，打開浴缸加入保養品，提供浴帽給客人。

3.協助客人上台階進入浴室並躺上躺椅，詢問水溫是否適合。

4.調整枕頭與腳墊以確定客人舒適。

5.開始療程並詢問客人噴水強度是否太強。

6.水療結束後，協助客人離開沐浴間，帶領客人至休息區休息二十至三十分鐘。

六、SPA投資報酬率高

傳統俱樂部除了餐飲有獲利的空間外，其他的部門如健身房、韻律室、迴力球場等較無產能，創造利益不多，SPA美療為傳統俱樂部帶來了新生命，新的生機，遂成為現代俱樂部的新寵。

泰國的Chiva-Son只有五十七個住宿單位，而一年營業額有新台幣六億元，因為它擁有一個世界級的SPA。SPA獲利的概念和飯店一樣，在平均十二平方公尺的有限空間，每個療程平均為十五至四十五分鐘。一個SPA房間一天的使用產能高於數個旅館房間的坪效。

無論是泰國的Chiva-Son SPA、Oriental SPA，或者是台灣伊人坊小沙龍（附設在永琦百貨，不到三十坪小沙龍）、威京集團

之AGORA SPA，因SPA因素的導入，而使企業轉向成功。

七、水療SPA設備舉隅

　　為使讀者對SPA有更深層的認識，在此介紹幾家世界著名水療公司的設備：

(一)法國杜宜爾（Doyer）公司提供的水療設施

　　杜宜爾全世界知名的SPA設施公司，目前業界所使用的水療產品有75％是Doyer公司的產品，為目前全球水療第一品牌。杜宜爾為擁有百年左右歷史的專業水療設備、醫療、保健美容公司。圖9-1為法國杜宜爾（Doyer）公司的水療設施。

(二)美國AMI乾式水療艙

　　美國AMI公司有二十五年歷史，其乾式水療艙（圖9-2）是全球獨一無二的產品，從小型沙龍到大型SPA、醫學中心以及白宮、五角大廈之健身房皆採用。

(三)德國JK公司之平台式水療床

　　德國JK公司的平台式水療床（圖9-3），適用於健康按摩、推脂瘦身、消除疲勞等。

(四)微電腦按摩浴缸

　　專業的按摩浴缸（圖9-4）噴水孔有數十個至一百八十個設計，針對身體六大部位沖射按摩，依據不同程式，可促進血液循環、瘦身等。

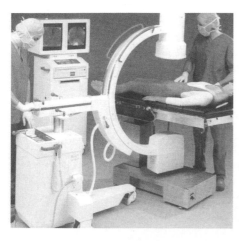

圖9-1 法國杜宜爾（Doyer）公司的水療設施

圖片提供：萬肯SPA專業規劃公司。

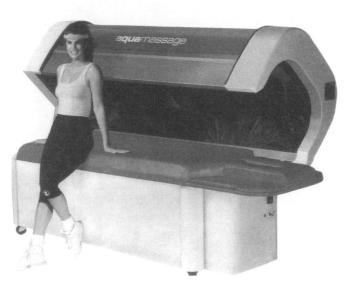

圖9-2 美國AMI乾式水療艙

圖片提供：萬肯SPA專業規劃公司。

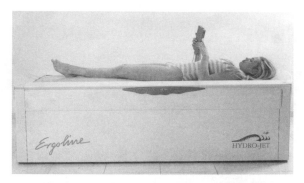

圖9-3　德國JK公司之平台式水療床

圖片提供：萬肯SPA專業規劃公司。

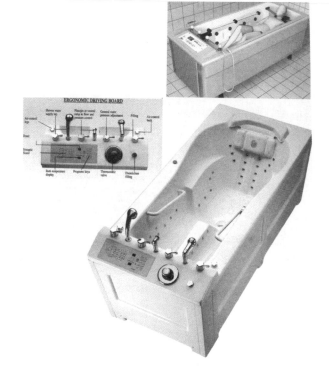

圖9-4　微電腦按摩浴缸

圖片提供：萬肯SPA專業規劃公司。

八、認識KURHAUS

　　十七、十八世紀德國溫泉區的KURHAUS溫泉保養館，提供醫療復健而為休閒社交場所，日本將用途擴展到運動訓練和增進體能。一九九五年，台灣首座KURHAUS於苗栗大衛營誕生，而台北三芝熱帶嶼隨後亦成立，之後各地紛紛設置，但規模並不大。正統的KURHAUS結合了建築景觀、環境生態、都市機能等條件，並以溫泉水療、休閒、運動、醫療、文化、住宿等設施結合成為一個綜合體，主要的目的為創造健康、提供休閒及促進交流。

　　KURHAUS為主體的水療館提供的內容如下：

1.運動、健身、營養、休息。
2.醫療、復健、美容、保養。
3.水療按摩、穴道按摩。

　　KURHAUS的種類分為四種：

1.醫療型：以健檢、治病為主，有完善的醫療設施。
2.運動型：以運動員、選手為主，有完善的運動設施與教練。
3.保養型：以改善體質與病後療養為目的，老年者為主。
4.休閒型：以休閒、美容為主，有完善的休閒設施。

　　以上四種水療館，都設有數十種功能的水療設施，並有專業人員配合指導。

　　在設計KURHAUS時，應特別注意事項如下：

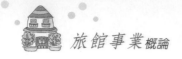
1.安全性：止滑、身體固定、階梯、高度。

2.清潔性：易於清掃、水質保持、蚊蟲防止、光線、空間的亮度等。

3.舒適性：注意光線、通風、溫度、濕度、空調、潮流感等。

融合歐式與日式的溫泉水療，並加上台灣獨特的養生之道，是台灣發展SPA溫泉水療的正確方向。

第二節　溫泉概論

一、溫泉的形成

地下水經由岩漿本身或混合岩漿釋放出來的水蒸氣與其他瓦斯加熱作用，溶解了各種物質而湧出地表，溫度超過平均溫度稱為溫泉。就溫度而言，廣義的溫泉包括低於年平均溫度的冷泉，但非一般山泉水。溫泉的來源為地下水，溫泉與地下水最大不同在於深度，而溫泉地底結構較硬，且泉脈通路較不易產生變化。

二、溫泉的種類

溫泉在加熱與蓄熱過程，因加熱強弱不同，而產生不同溫度的源頭，因流態不同，可將溫泉分成噴氣泉、間歇泉、清泉、濁泉、泥泉等。在溫度上分為高溫溫泉（42℃以上）、中溫

溫泉（25℃～34℃）及冷泉（25℃以下）。依酸鹼度的不同，通常可分成酸性溫泉（PH值在3以下）、弱酸性溫泉（PH值在3～6之間）、中性溫泉（PH值在6～7.5之間）、弱鹼性溫泉（PH值在7.5～8.5之間）、鹼性溫泉（PH值在8.5以上）。

三、溫泉的特色與療效

溫泉依其特性可略分為下列幾種：

(一)炭酸泉

炭酸泉是無色透明的泉質，以微溫及冷泉較多。泉中的碳酸氣可經皮膚吸收，並且刺激微血管擴張，對降血壓與減輕心臟的負擔很有幫助。炭酸泉具有炭酸氣體可製成清涼飲料，蘇澳冷泉為典型的代表，對於便秘與利尿有不錯的效果，並對增進食慾與腸胃病有療效。碳酸泉是浸泡、飲用與吸入均可的泉質，環中央山脈的台灣溫泉大多屬之。

(二)硫磺泉

硫磺泉呈黃褐與白濁色，並有濃烈的臭蛋味，多位於火山口附近並以高溫居多。由於高溫與強酸性，在使用時多會以清水稀釋並降溫，對於皮膚病、婦女病、氣喘、神經痛、解毒化痰有不錯的療效。北投、陽明山、金山溫泉是典型的硫磺泉，日本秋田縣玉山溫泉亦屬此類。

(三)單純泉

單純泉無色透明、無味無臭，具有鎮定作用，對於神經痛、失眠症、中風後遺症有不錯的療效，因其性質緩和，適於

高齡者使用，日本鬼怒川溫泉屬之。

(四)食鹽泉

食鹽泉有鹹味，似海水，根據每公斤食鹽含量凡在一千五百毫克以上稱為強食鹽泉，五百毫克以下稱為弱食鹽泉。因入浴後皮膚會殘留鹽份，且浸泡時汗水不易蒸發，身體會感覺越來越溫熱，故有「熱之湯」的稱呼。

(五)鐵泉

鐵泉有碳酸鐵泉與綠礬泉二種，因含豐富鐵分，具造血功能，對於貧血、婦女病、更年期障礙、子宮發育不全、慢性濕疹等患者具有療效。在飲用方面，有益於貧血患者，且能消除疲勞。台灣花蓮瑞穗溫泉屬之。

(六)酸性泉

酸性泉因殺菌力強，對皮膚淨化有相當不錯的效果，但不能泡太久，以免產生過敏，且傷害到有益的細胞。台灣大屯山系溫泉屬酸性泉。

(七)放射能泉

放射能泉無色透明，多數以冷泉的溫度出現，經由浸泡、飲用或吸入方式均可，氡對於人的鎮靜作用效果明顯，對痛風者具鎮痛作用，所以有「痛風的湯」之稱，台灣北投溫泉具此特性。

(八)硫酸鹽泉

硫酸鹽泉分為兩類，第一類分為正苦味泉、芒硝泉、石膏

泉，分別含鎂、鈉、鈣，第二類爲明礬泉，含鋁成份，台灣的綠島及萬里溫泉均屬之。正苦味泉含鎂的成份，有苦味，對於腦中風與後遺症的改善、高血壓、動脈硬化的預防非常有效，日本伊香保溫泉屬之。芒硝泉含鈉成份，對中風、動脈硬化、高血壓、外傷、慢性關節炎具有療效，日本石川山代溫泉屬之。石膏泉含鈣，具鎮定效果，對高血壓、動脈硬化、腦中風、外傷、慢性濕疹有療效，日本箱根湯本溫泉屬之。

明礬泉爲鋁元素與冷硫酸爲主要成份的鹽類泉，對皮膚病、眼睛的慢性粘膜炎、多汗症等效果良好，特別是對結膜炎等眼睛的疾病，具有良好的功能，因而有「目之湯」之稱。台灣天籟溫泉近日發現的冷泉具有此特性。

(九)碳酸氫納泉

碳酸氫納泉可分爲含納元素的重曹泉與含鈣、鎂元素的重炭酸土類泉二種。重曹泉呈無色透明，使用後皮膚表面非常柔順，對表皮與肌膚有美化的功能，又稱「美人之湯」，日本霧島與御殿場溫泉屬之，台灣高雄寶來溫泉及引用七坑沿線溫泉的旅館亦屬此類。重曹泉又可細分爲炭酸重曹泉、食鹽重曹泉、芒硝重曹泉。重炭酸土類泉呈無色透明，從冷泉到高溫泉均因含鈣、鎂等元素，具有鎮定作用，對於慢性皮膚病、消炎、外傷等有效。飲用則具利尿的效果，能中和胃酸、促進腸蠕動，對膀胱炎、尿酸結石及痛風有改善的功能。另外由於含有炭酸氣，有助於心臟與血路循環，日本阿蘇白水溫泉屬之。

四、泡溫泉的重要關鍵

泡溫泉的重要關鍵爲溫度、深度與時間，茲略述於下：

(一)溫度

設施完善的溫泉浴場，有許多不同溫度的浴池，甚至搭配三溫暖的設施，從高溫的烤箱、蒸氣室到極低溫的冰水池。溫泉池的溫度在20℃～45℃較為常見，其中又以34℃～42℃更多，不同溫度的浸泡有不同的功能。

1. 42℃～45℃屬高溫浴，由於將會使人體的交感神經呈現緊張狀態，脈搏增加、血壓升高、身心清醒亢奮，浸泡後不易入睡，故不宜在睡前浸泡，若預備熬夜反而可行，但需注意自己的身體狀況。

2. 38℃～40℃屬中溫浴，大約比人體的體溫高2℃～4℃，是泡溫泉最理想的溫度。利用中溫熱水浸泡能調和交感神經，安定自律神經，加速腦內荷爾蒙分泌，提升免疫力。這種溫度的效果在促進血液循環，且可逐漸緩和肌肉的酸痛。

3. 24℃～34℃屬低溫浴，通常會配合動態活動，如游泳、水療等，並視天候溫差而適當改變。

4. 24℃以下屬冷水浴，在浸泡熱水後，取得降低體溫的方式，緩和流汗現象，保持身體水份。毛細孔逐漸收縮，血液循環與脈搏逐漸恢復正常。

(二)深度

五十公分左右的水深，易讓身體浮起，不會有溺水危險，再加上配合吐納呼吸，除了充分吸收氧氣、排放二氧化碳外，對促進腸子蠕動、改善便秘、消除壓力等均有療效。水深太深的缺點為站立不穩、易暈倒溺水、爬起不易，坐立時對心臟壓

力太大,以致造成呼吸不適,而且腹部受壓,會使橫隔膜上升,肺活量減少,產生二氧化碳無法完全排出的不良效果。

(三)時間

泡溫泉後,會流很多汗,血壓、心臟都會有變化,故需留意浸泡的時間,以免體力不支而產生危險。以38℃～40℃的泉水而言,先浸泡五分鐘,讓身體先適應,然後需休息三分鐘,讓心跳與循環有緩和的時間,其後浸泡時間可延長為五至十分鐘。如果是42℃的溫泉,則每次應縮短至兩至三分鐘,反覆兩至三次,總計不宜超過十分鐘。

五、溫泉的其他利用方式

溫泉水因有特殊的礦物質成份,所以適於飲用,但因種類多,成份複雜,並非每種都適合飲用,而且量方面也應有所限制,基本上每天200～250CC即可。如果是經加工生產且有衛生處理的瓶裝礦泉水,自有衛生機構負責衛生安全問題。在泡溫泉後,飲用溫泉水,可增進身體的健康。

六、洗溫泉須知

(一)安全方面

1.空間宜保持通風,室內須注意空調。
2.泉水的溫度以不超過45℃為宜。
3.飯後、酒後、身體虛弱、高血壓、心臟病、孕婦、手術後、皮膚潰傷或無醫師指示者不可入浴。

4.選擇適合自己身體狀況的泉水。

5.勿在池中、池邊跑跳、以防滑落。

(二)禮儀方面

1.毛巾只限用於敷蓋頭部，大浴巾禁止入池。

2.衣物放置衣櫃中，勿置於池畔，影響觀瞻。

3.勿攜帶食物、飲料至池邊食用。

4.勿注視他人或對他人身材投以異樣眼光，尤其是裸浴或男
　女共浴的溫泉池。

5.保持安靜，與同伴交談不宜大聲喧嘩。

6.離開池區應該將個人攜帶的浴物帶走。

第三節　台灣溫泉之發展沿革與泉質分析

　　台灣位處歐亞板塊與菲律賓海板塊交界處，兩板塊擠壓形成台灣中央山脈。由於全球的地震與火山密集區在大陸板塊的交界處，因台灣地殼內堆積了原屬海洋地殼的火山沈積物質，所以台灣全島密布溫泉（表9-1）。台灣全島不論火山帶或非火山帶，均有溫泉熱源；而泉質的多樣性促使國人在泡溫泉時更應選擇適合自己體質的溫泉，這是非常重要的溫泉常識。

　　我國文化中最早使用溫泉的記載為秦始皇洗溫泉澡來醫療身上的瘡，地點是新豐驪山湯，驪山溫泉就是後來的華清池。

　　一九八七年八月八日中國大陸證實，秦始皇時代的驪山湯已出土。考古人員在發掘清理唐代華清池遺蹟時，發現有一黑褐色湯池基址，同時還發現鵝卵石和磚舖路面、秦代五角形水道和直徑三十多公分的秦漢圓形繩紋水管，以及用不規則片石

表9-1　台灣溫泉泉質分析

（PH值採近似值）

溫泉名稱	地點	泉質	露頭水溫	PH值
大屯火山群溫泉區				
金山溫泉	台北縣金山鄉	中性泉	45～50度	PH7
加投溫泉	台北縣萬里鄉大鵬村	酸性泉	95度	PH1
煉子坪溫泉	北縣金山鄉～磺嘴山東北側清水溪上游	酸性硫酸鹽泉		PH2～3
馬槽溫泉	北市北投區湖田里～陽金公路馬槽橋東側	硫酸鹽氯化物泉	75度	PH3
陽明山溫泉		弱鹼性硫磺泉	70～95度	PH8
鳳凰溫泉	北市北投泉源里	弱鹼性碳酸泉	55度	PH7.5
北投溫泉	地熱谷一帶	酸性硫磺泉（青磺）	85度	PH1
北投溫泉	十八分大磺嘴一帶	弱酸性單純泉（白磺）	45度	PH4～5
西北部溫泉區				
溫泉名稱	地點	泉質	露頭水溫	PH值
烏來泉區	北縣烏來鄉	弱鹼性碳酸泉	83度	PH7.4
榮華泉區	桃園縣復興鄉	弱鹼性碳酸泉	65度	PH7.8
四稜泉區	桃園縣復興鄉	弱鹼性碳酸泉	65度	PH8
新興泉區（嘎拉賀溫泉）	桃園縣復興鄉	弱鹼性碳酸泉	54度	PH8
秀巒泉區	新竹縣尖石鄉	弱鹼性碳酸泉	45度	PH7.5
西部溫泉區				
溫泉名稱	地點	泉質	露頭水溫	PH值
泰安溫泉	苗栗縣泰安鄉錦水村	弱鹼性碳酸泉	47度	PH8
谷關溫泉	台中縣和平鄉博愛村	弱鹼性碳酸泉	62度	PH7.6
東埔溫泉	南投縣信義鄉東埔村	弱鹼性碳酸泉	55度	PH7.2
奧萬大溫泉	南投縣仁愛鄉親愛村	弱鹼性碳酸泉	58度	PH8
春陽溫泉	南投縣仁愛鄉	弱鹼性碳酸泉	64度	PH7.6
盧山溫泉	南投縣仁愛鄉	鹼性碳酸泉	90度	PH9.3

（續）表9-1　台灣溫泉泉質分析

（PH值採近似值）

西南部溫泉區				
溫泉名稱	地點	泉質	露頭水溫	PH值
關子嶺溫泉	台南縣白河鎮	鹼性含碘及溴弱食鹽泉（濁泉）	75度	PH8.2
龜丹溫泉	台南縣楠西鄉	鹼性碳酸泉	35度	PH7.9
不老溫泉	高縣六龜鄉新發村	弱鹼性碳酸泉	48度	PH7.3
石洞溫泉	高縣六龜鄉寶來村	弱鹼性碳酸泉	70度	PH7.8
七坑溫泉	高縣六龜鄉	弱鹼性碳酸泉	42～60度	PH7.8
寶來溫泉	高縣六龜鄉	弱鹼性碳酸泉	60度	PH7.2
高中溫泉	高縣桃源鄉高中村	鹼性碳酸泉	45度	PH8
桃源溫泉	高縣桃源鄉桃源村	弱鹼性碳酸泉	46度	PH7.5
勤和溫泉	高縣桃源鄉勤和村	碳酸泉	54度	PH7
梅山溫泉	高縣桃源鄉梅山村	弱鹼性碳酸泉	75度	PH7.5
四重溪溫泉	屏東縣車城鄉	弱鹼性碳酸泉	60度	PH8
東南部溫泉區				
溫泉名稱	地點	泉質	露頭水溫	PH值
台東紅葉溫泉	台東縣紅葉村	硫化氫泉	45～63度	PH7
霧鹿溫泉	台東縣海端鄉	鹼性碳酸泉	70～80度	PH8.5
知本溫泉	台東縣卑南鄉	弱鹼性碳酸泉	45～56度	PH7～8
金峰溫泉	台東縣金峰鄉	弱鹼性碳酸泉	38度	PH7
金崙溫泉	台東縣金峰鄉	弱鹼性碳酸泉	48度	PH7.1
普沙羽揚溫泉	台東縣大武鄉	弱鹼性碳酸泉	45度	PH7.2
旭海溫泉	屏東縣牡丹鄉旭海村	弱鹼性碳酸泉	45度	PH8
綠島溫泉	台東縣綠島鄉	硫磺泉	53～93度	PH5

（續）表9-1　台灣溫泉泉質分析

（PH值採近似值）

東部溫泉區				
溫泉名稱	地點	泉質	露頭水溫	PH值
文山溫泉	花蓮縣秀林鄉	弱鹼性碳酸泉	48度	PH7.1
二子山溫泉	花蓮縣萬榮鄉	碳酸泉	55度	PH6.9
瑞穗溫泉	花蓮縣萬榮鄉紅葉村	含鐵性氯化物碳酸鹽泉	48度	PH7
花蓮紅葉溫泉	花蓮縣萬榮鄉紅葉村	碳酸氫鈉泉	47度	PH6.7
礁溪溫泉	宜蘭縣礁溪鄉	弱鹼性碳酸氫鈉泉	60度	PH7.5
員山溫泉	宜蘭縣員山鄉永和村	單純泉	42度	PH7.2
清水溫泉	宜蘭縣三星鄉清水村	鹼性碳酸泉	95度	PH9.8
天狗溪溫泉	宜蘭縣大同鄉土場村天狗溪	鹼性碳酸泉	80度	PH9
仁澤溫泉	宜蘭縣大同鄉土場村多望溪畔	鹼性碳酸泉	90度	PH9
蘇澳冷泉	宜蘭縣蘇澳鎮	單純碳酸泉	21度	PH7.5
南澳溫泉	宜蘭縣南澳鄉	弱鹼性碳酸泉	65度	PH7.4
龜山島溫泉	宜蘭東邊外海	屬強酸	>100度	<3

資料來源：交通部觀光局，台灣地區溫泉旅館簡介，88年出版，頁21～23。

砌成的五十公尺長水道。由瓦片上的陶「驪」字和秦漢建築材料顯示，兩千年來流傳民間的秦始皇沐浴宮殿──驪山溫泉的確存在。

　　該遺址的出土，提供古代沐浴史和溫泉資源史的實物資料。台灣在日本人統治時期，日本對溫泉使用的文化經驗也以特殊的方式影響台灣。台灣溫泉從日據時代開發建設迄光復後開發二十餘處，到目前為止合計逾一百三十餘處。

第四節　世界溫泉水療發展現況與趨勢

　　KURHAUS水療法是源自德國溫泉區的一種健康療法，經數十年的成果，有效改善健康，所以德國政府將水療法列為國民健康醫療的一環，由政府支付費用，目前歐洲已有相當多的國家採用。日本則將KURHAUS水療結合該國「湯治文化」成為精緻的溫泉醫療並成立醫院，而休閒性的溫泉水療館亦在廣設之中。

　　台灣第一家水療館於一九九六年在苗栗誕生，只是並非在溫泉區，但水療的概念已在各地風行，台灣的溫泉區陸續有許多簡易式的水療設施加入，但規模不大，內容也有待加強。

　　溫泉水療對人體不只是浸泡而已，其對人體可分三種作用產生效果：

　　1.物理作用所產生的效果：
　　　(1)溫熱效果：刺激交感神經、血管擴張、體內廢物排除、筋肉疼痛改善。
　　　(2)水壓效果：促進呼吸、體壓調適。
　　　(3)浮力效果：減少運動障礙，改善肢體活動能力。
　　2.化學作用產生的效果：
　　　(1)浸泡效果：利用浸泡、步行浴、箱蒸，經由皮膚吸收溫泉成份所產生效果。
　　　(2)吸入效果：藉由呼吸系統吸入體內（酸性硫磺泉較不宜）。
　　　(3)飲用效果：喝入可飲溫泉所產生的效果，惟其質量均

有限制。

3.環境作用所產生的效果：

　　(1)視覺效果：觀看溫泉區的山川林木與景觀。

　　(2)聽覺效果：傾聽流水、風雨、蟲鳴鳥叫的效果。

　　(3)嗅覺效果：享受無塵的山林空氣與水氣。

　　(4)精神效果：與天地合為一體，精神及心情完全放鬆，
　　　心靈隨之昇華。

　　為了充分達到溫泉三大作用所帶來的效果，於是德國建立
了「KURHAUS」水療館，將溫泉利用為醫療的一環。完整的水
療館具有一、二十種水療設施，並且駐有醫生與醫護人員，進
行為期數天的療程，由醫師開單，並由醫護人員協助做水療。
其他還包括餐飲內容控制與精神調適，建議作森林浴，觀看大
自然景觀，聽大自然的聲音。

　　水療館的各種設施必須考量其處理的部位，而有壓力、水
溫、水量、深淺高度及時間等的不同。

參考書目

詹益政，《現代旅館實務》，1994年6月，著者自行出版，頁
　　23，41，471-474。

阮仲仁，《觀光飯店計畫》，1991年，旺文社。

葉樹菁，《台灣地區國際觀光旅館營運分析報告（1977-
　　2001)》，觀光局。

交通部觀光局，《觀光旅館業管理規則》，1989年。

楊永祥，《The SPA健康美容新指標》，2001年，德育出版公
　　司，頁6-10，27，30，55。

陳俊廷，《台灣溫泉風雲2000全紀錄》，2000年，台灣溫泉文化
　　出版社，頁10-11，18-24。

楊長輝著，《旅館經營管理實務》，1996年，揚智文化事業股份
　　有限公司。

潘朝達，《旅館管理基本作業》，1979年，著者自行發行，頁
　　38，229，275頁。

交通部觀光局，《台灣地區溫泉旅館簡介》，1999年，頁9-10，
　　21-23。

王洪鎧，《冷凍空調工程》，1996年11月，大中國圖書公司，頁
　　3-10。

《設計參考技術手冊》，台灣省交通處旅遊局風景區規劃。

省交通處旅遊局，《風景區規劃／設計參考技術手冊》。

董勝忠，《室內設計就業實務》（上、下冊），1999年。

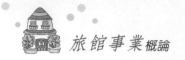

徐享宏，《旅館的經營與管理》，1984年，作者自行出版。

陳德貴編譯，《室內設計基本製圖》，1993年，新形象出版社。

陳石進編譯，《計畫的可行性分析》，1995年，超越企管發行，清華企管總經銷。

渡邊要原著，陳光興譯，《超高層建築設備》，1985年，中華給水空調設計雜誌。

侯平治，《現代室內設計》，2002年，大陸書局。

王文博、胡興邦，《冷凍空調原理》（上冊），1991年，承美科技公司出版。

附錄一 管理合約範例

——裕龍觀光事業股份有限公司委託香港克來美酒店管理顧問公司經營管理台灣高雄「克來美大飯店」所簽訂之管理合約

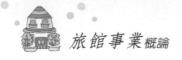

立約人裕龍觀光事業股份有限公司（以下簡稱「業主」）設立於中華民國台灣省，其登記之主事務所位於中華民國台灣高雄市中正一路30號12樓，與Acclimate Hotel Management（H.K.）Limited（以下簡稱「克來美」）為一香港公司，其登記之事務所位於Hong Kong，其主事務所位於60 Nathan Road, Kowloon, Hong Kong，於一九九三年二月六日簽訂本約。

緣業主準備在中華民國（以下簡稱「地主國」）高雄市出資、計畫、建造、布置、裝設一現代化、高水準而約有四百間客房之旅館以及與其有關之餐飲及娛樂設施，使其建造符合香港克來美在亞太地區各「Grand Acclimate」級飯店，克來美意欲提供協助該旅館之籌劃、建造、布置、裝潢以及該旅館開業之準備工作。

業主與克來美意欲依下列條款簽訂一項由克來美協助該館管理經營之契約，為此，雙方茲協議如下：

第一條　旅館之建地選擇及其設計、建造、裝設與布置

一、建地

(一)旅館應建於高雄市前金區後金段（地號0532-0000及0508-0000）為業主所有之土地上。業主應於本約簽訂後三十天內簽署，並交付一份包括建地地界完整而正確之資料之適當文件，做為本約之補充文件。

(二)業主應在旅館建築中建造面積不超過四千平方公尺供出售餐飲以外之貨品與服務零售商店所用之空間（以下簡稱「商店區」），該區不應為旅館之一部分（如下述）（本約附件一所示預定建物平面圖紅色標示部分為經雙方同意用為商店之區域）。

二、旅館之建造、裝設與布置

於建地上業主應自行出資依據克來美認為滿意且足以確保業主履行本約義務之融資計畫，嚴格依照本條第五項規定之計畫、規格與設計，以善良管理人之注意，建造、裝設、布置與裝潢本條第三項所定義之旅館。

業主於旅館建造、裝設、布置期間應自費負責建物建造及設備之招標、議價及決標等事宜，並爲旅館之建造、裝設、布置與裝潢發出採購定單（包括本約所定之布置、設備及定義如後之初期營運設備，但不包括應由克來美選定之旅館電腦軟、硬體）。雖有上述規定，但依本條第五、六兩項規定，旅館之一切計畫、規格及設計均應符合香港克來美爲亞太地區各"Grand Acclimate"級克來美大飯店所定之設計標準且旅館應按照該項計畫、規格與設計建造、裝設與裝潢。

三、旅館應包括之項目

　　(一)建地。

　　(二)全部空調設施之旅館建物，並具備：

　　　　1.空間及設施包括：(1)大約四百個均設有浴室之客房（包括二十三個套房及三層樓之Regency Club）房間。(2)一座一百二十個座位之茶廊、一個一百個座位之酒吧、一個三百二十個座位之速簡餐廳、一個一百四十個座位之廣式餐廳、一個一百四十個座位之東南亞食品展、一個三百個座位之台菜海鮮餐廳、一個兩百個座位之娛樂中心（兩層）、兩個宴會廳（其中一個有八百個座位，另一個五百五十個座位且均有接待處）、一個會客室及五個活動室。(3)販賣貨品或提供服務之商業空間（與商店區不同）。(4)一個有二百五十個車位供顧客及員工停車之停車場。(5)儲存與服務工作區。(6)員工辦公室。(7)一個具有完整設備之健身中心（附室內游泳池）及一商務中心。(8)休閒設施及區域。

　　　　2.經營旅館業務之建物必須設置之一切設施及建物系統（包括但並不限於電梯、暖氣、通風、空調；電力設備包括照明；水管設備包括衛生、冷藏、電話與通訊、安全及保安、洗衣及廚房等設施及系統）。

　　　　3.全部家具及設備包括客房、辦公室、公共區域等，及其他家具及地毯、窗帷、燈飾及其他項目。

　　　　4.廚房及洗衣設備。

　　　　5.旅館特殊設備及足夠之備件包括：(1)作業所需之一切設備：

(a)客房包括電視機、小型冰箱及保險箱；(b)宴會廳；(c)印刷間；(d)員工更衣及物品存放室；(e)健身房；(2)辦公室設備，包括克來美所選之電腦硬體與軟體；(3)餐廳推車；(4)物料處理設備；(5)清潔與工程設備；(6)供員工與旅客交通用之車輛。

6.餐具、廚房用具、工具及儀器、清理用具及其他設備與附件（以下簡稱旅館附屬設備）。

7.制服、瓷器、玻璃器皿、布巾、銀器等（以下簡稱為作業設備）。

(三)公共區域、花園及其他庭院景觀及設施。

(四)員工住所，如在旅館便利範圍內無法提供者。

(五)其他設施及附屬物。

以比照香港克來美設於亞太地區 "Grand Acclimate" 級旅館現行經營標準之所需。

以上之第3項、第4項、第5項（不包括備件）下由業主供應之項目，以下共同簡稱為「裝設與設備」。

四、顧問

業主應自行負擔費用聘請本約所列之設計顧問，及必須且適當之承包商及其他專業人員及顧問，彼等事前均需經克來美之同意。業主同意聘請一位國際內部設計師及一位具國際經驗之景觀設計師。且出資僱請廚房、洗衣、繪圖、標誌及制服設計顧問，彼等均需經業主與克來美之同意，及一位克來美與業主諮商所選之專業協調人協助業主及其顧問與承包商，俾能達到克來美之標準與規格。

業主與克來美應依本條第五項之規定，令該等廠商與個人準備與旅館內部與外部有關之完整而適切之計畫、布置圖、規格、圖說及設計；以及其品質適於作廣告及推廣用之有關該旅館之模型、彩色圖樣及材料板，但由克來美做為技術服務之一部分而提供者除外。此等與廠商或個人之合約亦應明訂，於合理範圍內，廠商或個人應以業主之費用提供建物及其中內部設施使用與維護之培訓，完工時向業主及克來美提供全套所執行之計畫與規格，以及型錄、操作手冊與指示。

五、計畫、規格及設計

旅館所有之計畫、規格及設計，必須符合克來美設於亞太地區"Grand Acclimate"級旅館之設計標準，並應依據克來美向業主提供之面積空間計畫、設計書及附屬設計標準文件製作。

六、計畫之認可

與該等廠商及顧問所簽之合約應規定全部計畫、設計、規格、圖說、布置圖等，日後任何之變更或修改，均應於實施前由業主及克來美事前審核並同意之。凡本約中或其他須由克來美對計畫、規格、預算及（或）融資所作之認可，並不隱含或被認為克來美對建物設計或建造之意見，亦不對克來美構成任何責任，此包括但不限於建物之整個結構或壽命／安全要求或預算及（或）融資之是否充分。克來美對計畫及規格所作審查與認可之範圍，僅限於該建物用做旅館之空間及審美上之適當性與相互關係。克來美依本約所作之一切審查與認可僅係為克來美之單獨利益，他人並無權依賴克來美所為之審查與認可。克來美依其單獨裁量有絕對權利放棄任何作為其履行本約之條件之審查或認可。

七、技術服務

克來美或其令對旅館技術服務有經驗之關係企業，應自克來美或其關係企業之主事務所，向業主提供各項顧問之技術服務；而業主為此應付給克來美或其關係企業四十五萬美元。業主應於本約簽訂後六個月內支付該項金額之30%（十三萬五千美元），餘額應平均分配為每半年一期支付，每期之金額為七萬八千七百五十美元，第一期之七萬八千七百五十美元應於初期付款之十三萬五千美元到期後六個月時支付。克來美應於收到初期付款之十三萬五千美元時開始提供技術服務。

除上述費用外，業主應於收到適當發票後儘速向克來美或其關係企業付還其為提供與旅館之計畫、建造、裝設、裝潢有關技術服務所支付之實付費用，包括交通、食宿、旅費、通訊及快遞服務、計畫與設計之複製費，但不包括克來美或其關係企業執行該等服務人員之薪資。

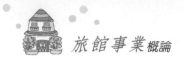

本約應付之技術服務費，於扣除該服務費在地主國應付之所得稅或預扣稅額後，均應以美元或可兌換為美元之貨幣，於克來美或其關係企業之主事務所或得隨時指定之其他處所支付之。若地主國對上開費用課徵任何加值營業稅時，該稅應由業主負擔。

為提供服務所付實付費用之歸墊，均應以美元或可自由兌換為美元之貨幣，於克來美或其關係企業之主事務所或其隨時指定之其他地點支付之，且不得扣減地主國所徵之任何所得稅、預扣稅、加值營業稅或任何其他稅捐或銀行或任何其他收費。若地主國對上述各項墊款課徵任何加值營業稅時，該稅應由業主負擔，克來美茲授權業主且業主承諾做為克來美授權之代表並負責使克來美得以遵守地主國有關法令包括對上項加值營業稅之申報及繳納。

一九九七年六月三十日後不得要求克來美或其關係企業提供技術服務，但在一九九七年七月一日若(1)本約仍完全有效；(2)旅館尚未依本條第六項之規定正式開業；及(3)克來美或其關係企業選擇繼續該項服務時，克來美或其關係企業應向業主發出願意繼續該項服務之通知，該項服務之收費應每三個月增加五萬美元，直至旅館正式開業為止。

若本約基於任何原因於任何時間中止時，業主所欠克來美或其關係企業之任何費用，於本約中止時，即視為到期而應支付。

八、旅館之所有權

業主茲保證已經取得或將取得旅館之全部所有權，且於本約期間包括下載「營運期間」內繼續保持其完全所有權，且無任何抵押、權利設定、限制、承擔、負擔或請求，但下列事項不在此限：

(一)對旅館營運無重要及不良影響之權利負擔。

(二)借方因融資以供建造、裝設、布置與營運旅館，於該融資上限由克來美同意，而克來美亦不得無故不予同意之狀況下，而設定之抵押權或其他權利設定，而於抵押權或其他權利設定中明示，除依本約規定者外，即使違犯該抵押權或其他權利設定之規定，本約並不因而失效或終止。業主茲再保證克來美依本約分配利潤給業主，且履行其於本約項下之其他義務時，於全

部營運時間內得以平和而不受干擾之方式管理並經營旅館。

業主應付清其有關旅館應付之一切地面租金或其他租金、特許費或任何其他費用，並以自行負擔費用採取為確保克來美能不受干擾而平和管運所需之訴訟、司法程序或其他適當措施。業主更應支付可能對旅館形成抵押權且於營運期間內到期應付之全部不動產稅捐，除非業主對該項付款正進行正當之爭訟且其執行已予延展。業主於收到克來美書面要求後二十天內，應向克來美提出官方之繳稅憑單及付稅之收據，顯示此等稅捐業已繳納。

九、培訓、開業前及開業資用之資金

業主應於本約簽署日起九個月內依由克來美所制定並向業主提出之預算所定金額，而業主不得無故不予同意（該預算初步估計約為一九九二年現值之四百五十萬美元），為下述各項費用提供資金：(1)旅館員工之招募、遷移、培訓與補償（包括遷移員工之生活津貼直至彼等依香港克來美之人事政策之旅館內部或外部獲得永久居所）；(2)組織旅館之作業；(3)開業前之宣傳、推廣與文件；(4)取得一切必要之執照與特許（包括律師費及其他附帶之顧問費）；(5)旅館外之過度時期辦公處所；(6)電話、電報與電傳；(7)旅費及業務招待費（包括開幕典禮等）；(8)旅館正式開業時或開業前之其他活動。若培訓及開業前、開業之費用超過初步預估預算四百五十萬美元時，克來美應向業主提出預算徵求同意，而業主不得無故不予同意。旅館開業前活動由克來美及其關係企業與其他由香港克來美及其關係企業經營之其他旅館所支付之費用，應予付還，包括：(1)第七條第二項所定旅館正式開業前為期一年之連鎖行銷服務，依每年每一客房以一九九二年現值五百六十五美元計算；(2)克來美及其關係企業或其他香港克來美旅館臨時派遣至旅館協助開業前活動事宜之人員之薪資、旅費及旅館外生活津貼；(3)克來美於收到業主通知旅館建造業已開始時，由克來美不時派遣至旅館參與開業前活動有關事宜人員之費用，薪資除外，此項通知應於十五天內以書面發出。基於業主之同意，而業主不得無故不予同意，開業前預算於旅館正式開業前得隨時視需要變更之。不論上述規定為何，預算內各分項費用之金額得不經業主同意由克來美增減之，

如任一分項費用之增減不超過五萬美元；且除如本項下載因旅館正式開業之延期所需之額外費用外，動支之總金額未經業主事先核定不得超過預算之總額。

為此目的，克來美應儘量使用地主國之貨幣，餘額則應以美元或可兌換為美元之貨幣支付，並不得因地主國課徵所得稅、預扣稅、加值營業稅或其他稅捐或銀行等其他費用而有所扣減。若地主國對克來美用於開業之費用課徵任何所得稅、預扣稅、加值營業稅或其他稅捐時，前述稅捐應由業主負擔，業主並應儘速支付該項稅款，俾使克來美能如時全額收到此項資金而履行其於本項所定之義務。若克來美未能依前述預算自業主處適時收到開業前之資金，克來美應有權但非其義務先行墊付所需資金而依本約規定獲得歸墊。

若派至旅館之總經理到達後，旅館之正式開業自預定日期向後展延時（此時預定之日期應訂定於經雙方簽署之備忘錄中），業主應按月依克來美之需要支付額外之費用直至旅館正式開業為止。克來美應盡最大的努力減低因此項展延所生之額外成本及費用。在業主之同意下，克來美得於正式開業前可先行開始旅館之部分營運，該項部分營運之費用及收入將增加或減少依本項規定對開業前開支之預算，克來美有權於部分營運時按月收取基本管理費及獎勵金。

除上述部分營運之收費外，克來美及其任何關係企業均不得因提供開業前服務而收取任何費用或利潤。但若本約於旅館正式開業後屆滿五年前，由於業主之任何違約，克來美有權向業主收取七十五萬美元，作為克來美提供開業前服務之約定損害賠償。

克來美應於旅館正式開業後一百二十天內，向業主列出依本項所為之全部支出帳單，並向業主支付業主預支而超過該項支出總額之資金。

開業前所發生之總支出，包括開業費用減去因延遲旅館正式開業而產生之費用，應自營運期間之第一個全月起平均按月分攤於六十個曆月中以便計算營運毛利潤（如後文所述）。上項按月平均分攤之金額應於每一曆月結束後三十天內付給業主。

十、旅館之正式開業

旅館之正式開業日應由業主與克來美共同協議，但僅限於下述情形始得開業：(1)克來美認爲：旅館已大致完工；一切裝設、旅館附屬設備及作業設備已大致安裝妥當且均符合本條第二項之規定；(2)建築師已出具完工證明；(3)已取得旅館營運所需之一切執照與許可（包括酒類及餐廳執照以及警察、消防與衛生等機關之許可）；(4)業主已依第五條第一項提供充分之營運資金；(5)旅館已由克來美驗收且可於整體營運之基礎上爲旅客提供第一流之服務。儘管旅館已正式開業，業主仍應於開業後盡力履行其有關旅館之建造、裝設、設備及裝潢上之義務，以及克來美於正式開業後通知業主有關瑕疵及缺點所應作之改正與補救。

第二條　營運期間

本約之期間應自本合約日期開始，本約營運期間應自旅館正式開業時開始，而於正式開業後二十五個完整曆年之十二月三十一日午夜屆滿。

第三條　旅館之營運

一、營運標準

克來美應依與香港克來美各旅館對一切事務現行習慣及通常營運標準相同之標準經營旅館，並依地主國之法律，以及依克來美之意見，在可行之情形下，依當地之特性與傳統經營之。

二、克來美對營運之控制權

依本約條款，克來美對旅館之營運應有完全之控制及裁量權。本約並無任何規定可解釋爲業主與克來美間構成合夥關係或合資關係，且除本約另有規定外，業主依據旅館營運收受利潤之權利，並不視爲賦予業主在旅館之營運或管理上任何權利或義務。克來美之控制與決定權應包括將旅館按一般慣例之一切使用、准許進館條件、房間及商業性場所之收費、娛樂、食品及飲料、人事政策、工資率及對員工之聘僱與解僱、食品飲料及諸如清潔用品及紙類等立即消耗品之採購、營運設備之採購，以旅館商業名稱保持銀行帳戶並持有資金，以及與

旅館有關之各階段推廣宣傳事宜。克來美有權代表業主選用、指定及任命旅館全部員工,但對旅館總經理及執行委員之任命應與業主洽商。業主對總經理之任命有同意權,但不得無故不予同意。

三、與克來美關係企業間之合約

克來美於其管理旅館時,在價格、條件均可與由第三人提供同等品質貨品、供應品、保險及服務之價格與條件相抗衡之情形下,得自或經由香港克來美或其任何關係企業處採購貨品、供應品、保險及服務。同時於業主事前同意之情況下,克來美得聘僱其本身或香港克來美或其任何關係企業作為顧問,就維持並增強旅館營運管理系統之電腦軟體,及旅館之任何重大改裝、修理、建造或資本改善提供技術服務,克來美、香港克來美或其關係企業所提供之服務應受合理之補償。克來美有權使用旅館及其設施培訓克來美、香港克來美及其關係企業所經營其他旅館之員工。旅館因該項培訓所造成之任何額外費用應獲付還,除非該項費用已與受訓人員向旅館提供服務所產生之利益抵銷。

四、代理關係

克來美於執行其作為旅館管理人職務時,應僅為業主之代理人。克來美經營管理旅館時所產生對第三人之一切債務與責任,均為僅屬於業主之債務與責任,克來美不應因其代業主管理、監督、指示及經營旅館而負任何責任。但本項不應被認為係限制克來美由於違反本約規定而對業主所負之債務或義務。克來美得將其代理業主而從事交易之情形通知第三人,並採取任何其他合理步驟以執行本項之意旨。

五、旅館之員工

旅館之每一員工,包括總經理及外籍人員在內,均為業主之員工而非克來美者,克來美對該等員工之工資與補償亦無責任,每一依本約提供服務之人員,包括克來美或香港克來美或其關係企業之代理人或員工,或克來美為業主僱用之代理人或員工,均應以業主代理人之身分工作。儘管有上述規定,克來美得選擇派遣其任何關係企業或香港克來美其他旅館之員工暫時或永久成為旅館執行部門之專職工作人員,並對彼等支給補償,包括社會福利金在內。在此情形下,業主應

就對該等員工所付或應付補償之累積總數，包括社會福利金在內，按月向克來美付還，金額應按該員工實際受僱於旅館之期間比例分擔，但旅館應付之該社會福利金在克來美認為可行且在業主最佳利益之範圍內，克來美得要求業主賦予旅館總經理僱用、支薪、監督及解僱旅館員工之授權。在第三條第二項所規定情況下，克來美及（或）總經理應代替業主選擇、指派及任用旅館之全部員工，包括執行委員會委員、外籍人員及旅館之其他重要業務執行人員。

六、總經理

克來美應代替業主選擇、指派及任用旅館之總經理。各當事人瞭解克來美應依本約履行其對旅館之營運之管理義務，並藉由指定一位由業主僱用之總經理以行使其對營運之管制與決定，該總經理應：(1)熟諳香港克來美之旅館經營方法；(2)隨時獲悉香港克來美現行之政策、制度以及程序手冊；(3)其重要行事雖應受香港克來美之審查與監督，但仍得就旅館日常業務之進行保有完全自主之決定權。為此，業主應授予該總經理必須之代理權。總經理之任用應經業主之同意，而業主不得無故拒不同意。

七、克來美經營組成單位

各當事人瞭解所有香港克來美之經營組成單位，包括但不限於克來美提供與旅館經營管理有關之方針及程序、作業、會計及培訓，於任何時間不待任何表示，均係專屬於香港克來美之財產；且克來美有權於本約終止時或提前終止時自旅館撤回此項經營組成單位。

第四條　管理費與業主之利潤分配

一、克來美之收費

於營運期間克來美有權收取：

(一)克來美於營運期間有權按月收受如第五條所定等於旅館收入2％之金額做為其基本管理收費。

(二)克來美於營運期間前五會計年有權依第五條所定按月收取等於旅館營業毛利之5％之金額做為其獎勵金。自第六會計年起及其餘營運年度，克來美有權按季收取等於旅館營業毛利之8％之金額做為其獎勵金。

二、業主之利潤分配

　　於合於下載規定且已保留克來美依合理之判斷認爲足以確保旅館繼續且有效率營運及支付所有當期債務之資金之情形下，克來美應於營運期間於業主之主事務所或其隨時指定之其他處所，向業主支付依本條第一項扣除克來美之收費後之月營業毛利（以下簡稱爲業主之利潤分配）。自營運期間中第三個完整會計年度起，且於如前述已保留足夠營業資金之情況下，克來美將儘可能於每月底前預付業主之利潤分配，但旅館之營業用銀行帳戶內應有足夠現金之供支付，且每一持定月分中所分期預付之總額不應超過預估之該月業主之利潤分配。

第五條　營業毛利之確定

一、帳簿與紀錄

　　克來美應保存顯示該旅館業績之全部及充分之帳簿與其他紀錄。除本約及依中華民國台灣法律另有規定外，該等帳簿與紀錄應以應計制按中華民國台灣貨幣並在所有重要事項上依美國旅館與汽車旅館同業公會採行之最新版「旅館業統一會計制度」規定保存之。以旅館帳簿與紀錄包含之資料範圍內，克來美應提供業主因符合在台灣申請股票上市規定所需之資料。

二、營業毛利

　　本約所稱之「營業毛利」係指依下列方式計算所得之金額：

(一)自該旅館之營業直接或間接所得之所有各類收益與收入，包括向顧客收取但未分配予員工之服務費及租金或其他款項，但不含自承租人或受讓人收取之租金或其他款項（但並非收自該等承租人或受讓人繳納之毛額），惟包括第三條第三項第二款所規定向該等承租人或受讓人收取之服務費，以及旅館使用及佔用（營業中斷）保險之實際收入（扣除其調整或收取有關必要費用後之金額）（以下簡稱爲「收益」）。

(二)自收益中應扣除該旅館營運之維持、經營及督導等全部成本與費用，包括（但不限制上述之一般性）下列各項費用：

　　1.第五條第一項規定之一切食物、飲料與作業用品之出售或消耗之成本，以及該旅館所有員工，含總經理之遷移費用、薪

資、工資、資遣費及其他報酬，以及彼等之社會福利，其中尤應包括由克來美自行決定該等員工得有權享有之香港克來美之壽險、殘廢險、健康保險、獎金及退休金等。

2.旅館附屬設備及營業設備之更換或增添之成本。

3.旅館任何廣告及業務推廣之所有成本及費用（與克來美、香港克來美及其關係企業所屬旅館無關者），以及旅館參與克來美、香港克來美及其關係企業所屬一個或數個旅館之任何廣告及業務推廣活動，旅館應按比例負擔之成本及費用，包括依第五條第二項所定義之連鎖分擔費用。

4.其他一切物品及服務成本。

5.克來美及其關係企業因旅館營業或與之有關之實付費用，包括克來美及其關係企業員工、主管或其他代表或顧問之合理旅費，惟上述人員應在該旅館免費享有合理提供之房間、食物、飲料、洗衣服務、侍者及其他服務，且其費用亦不得向其個人或克來美收費。

第六條　克來美與業主之一般約定事項

一、開業存貨及營運資金

業主應於旅館正式開業前依克來美之要求提供充分資金用於開立銀行帳戶、旅館內應用現金及購置食物、飲料與立即性消耗品，諸如清潔材料及紙類用品（以下簡稱「作業用品」）之初次存量，並應於整個營運期間完全自費提供充分之營運資金，確使該旅館能適時支付當期之一切債務。

二、連鎖行銷服務

為經營該旅館業務並為便利其顧客計，克來美應比照提供給克來美及其關係企業所經營其他旅館之服務範圍，提供或使其關係企業提供旅館房間預定、集會、商業及銷售推廣等服務（包括香港克來美本公司銷售人員及世界各地地區性銷售辦事處之維持與人員僱用）宣傳、公共關係、與其他團體福利、服務及設施，包括公司性之廣告企劃（但不包括有一家或多家其他香港克來美旅館參與，且經相互協議分擔費用之廣告事務）等（以下簡稱為「連鎖行銷服務」）。

克來美或其任何關係企業均不得因提供連鎖行銷服務而收取任何利潤，但克來美有權就其關係企業所產生之一切費用中旅館應分攤之部分（以下簡稱「連鎖分攤」）獲得付還，包括提供該項服務之高級主管或員工之薪資。若該項連鎖行銷服務係代旅館與克來美及其關係企業所經營之其他旅館所為者，而為電腦化之電話預訂、開出帳單及信用服務時，其收費應與向克來美所經營其他旅館之收費相同。

三、檢查與審查權

經業主正式授權之高級主管、會計師、職員、代理人及律師在給予旅館總經理合理之通知後，有權於營運期間之合理時投進入旅館任何部分，審視或檢查該旅館、查閱或調閱該旅館營運帳簿與紀錄，或進行業主認為需要或適宜之行為，但應在盡可能減少對該旅館營業干擾之方式下為之，該項審查與檢查所發生之一切詢問，應僅向克來美或總經理或其指定之人員提出。營運期間屆滿或提前終止後兩年之時間內，業主應賦予克來美相同權利查閱或調閱營運期間該旅館營業之帳簿與紀錄。

四、報表

克來美應向業主提交：

(一)於每月月終或其前向業主提交一份營業損益表，顯示上月及當年度屆至報告日為止之該旅館營業成果，並包括營業毛利、克來美之收費及業主之利潤分配之計算結果。上述報表內所列各項數字，其資料來源應為克來美所保存之帳簿。該項報表應顯示本約之條件，並於可行情形下依前述最新版之「旅館業統一會計制度」就所有重大事項製作之。

(二)除最後一會計年度外，每一會計年度結束後六十天內，交付一份經克來美所聘之獨立會計師就旅館帳冊所為簽證之營業損益表，該報表顯示前一年度內旅館之營業成果，包括該會期中營業毛利、克來美之收費及業主之利潤分配之計算結果，並檢附一份顯示該會計年度內更換物品基金帳戶之存提紀錄及剩餘金額，該項審計支用應記入旅館營業費項下開支。最後一會計年度結束後六十天內，業主應向克來美提出一份經上述會計師

簽證之損益表，顯示該旅館於最後一會計年度內之營業結果，包括該會計期內收益、營毛利及應支付克來美基本管理費與獎勵金之計算結果。若該會計師之意見並無附帶條件時，該項經簽證之損益表即應視為正確無誤。

(三)於營運期間內每一會計年度之十一月一日或之前，克來美應向業主提出一份年度計畫，應包括行銷計畫，依第六條第二項應更換或增添之裝設與設備，依第六條第三項應序變更、增添或改善之事項，以及下一會計年度該旅館預計收益與營業費用概算等合理之詳細資料，並依克來美所屬各旅館現行之該項作案格式編訂之。

於業主核准，而業主不得無故不予核准，依第六條第二項編列之裝設與設備之更換，與增添第六條第三項編列之增添與改善等年度預算時，克來美有權依核准之年度預算為裝設與設備之更換與增添及變更、增添或改善。

第七條　保險

一、業主應維持之保險

在旅館之建築、裝修、布置期間及在營運朝間內業主依第六條第四項、第五項為必要之修理、修改、更換及其他之修理與修改時，業主應自行負擔費用向財務健全之保險公司投保並繼續維持適當之公共責任險、一般責任保險與財產保險，以充分保障業主及克來美不受因該旅館之籌備、建造、裝修、裝設及開業前任何活動或與營運期間所為之修理、修改與更換有關之事項，所致之損失或損害。業主自該旅館之建造開始及於營運期間內，應更進一步自行負擔費用為下述目的投保並繼續維持適當之保險：

向財務健全之保險公司投保旅館全部更換價值及其因自然的損失或損害之保險，以及對其內部一切投保包括但不限於火險、鍋爐爆炸險及習慣上為旅館所提供同樣性質之其他風險與傷亡險。全部保單上應將業主（如應業主所請，所有抵押權人）列為被保險人，克來美、香港克來美及其子公司以及克來美公司應視其權益關係列為附加被保險人。關於火險及對建物及其物品之保險，應加載保險公司同意放棄

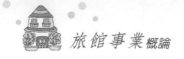

對克來美、香港克來美及其子公司及克來美公司之任何代位權之條款。

業主應於克來美要求時向克來美提出就其依本項設保各項保險之充分證據。

二、克來美應維持之業主

營運期間內，克來美應隨時維持下列依一般保險條件及習慣費率投保之保險：

(一)克來美認為必要金額之公共責任險，包括人身傷害、財產損害、旅館管理人責任及宣傳責任、汽車責任，以及犯罪保險，包括員工之忠誠在內。

(二)使用及佔有險（營業中斷），涵蓋因標準火險、鍋爐險及機器險保單下之風險及克來美認為必要之其他風險之損失，因而致業主利潤及克來美費用之損失等之保險。

(三)工人恤養保險、僱主責任險或其他為適用法律所規定或克來美認為必要之相關保險。

(四)克來美得依其裁量權，投保防範該旅館之作業所引起、主張或產生之索賠、責任與損失所需之其他保險。

本項所述之各項保險得包括自付額規定，克來美並得選擇在某種安排下維持該等保單之全部或部分作為克來美或其關係企業經營之一家或數家旅館之保險，於此等情形，克來美應於合理之基礎下使旅館分擔費用。全部保單均應將克來美、香港克來美或其子公司以及克來美公司列為被保險人，業主（如應業主所請，所有抵押權人）並應視其權益關係列為附加被保險人。

克來美應依要求向業主提出其依本第二項投保之充分證據。

第八條　旅館之損壞與毀損

如該旅館或其任何部分於營運期間內任何時間因火災或任何已投保之意外災害而損壞或毀損時，業主應自行負擔費用，盡力設法修理重建或更換損壞或毀損部分，俾使該旅館經修理、重建或更換後、恢復損壞或毀損前大致相同之狀況。如業主未能於火災或某他災害發生後九十天內辦理上述修復工作，或未能盡力完成是項工作，克來美得

進行或完成該項修復工作，其費用由業主負擔，克來美並有權依第十條規定請求業主償還該項費用，且保險賠償金應歸克來美使用。克來美並有權確保任何保險賠償金，均應用於上述之修理、重建或更換。

第九條　徵收

如該旅館全部因任何主管機關執行土地徵用權、充公、強制取得或類似處置而被接管或充公移做公用或準公用時，或如該旅館之一部分被接管或充公，依克來美合理意見，認為使用其餘部分作為與接管或充公之前相同等級之旅館，事屬輕率或不合理時，則營運期間應自上述接管或充公之日起終止，但因上述接管或充公而給予之任何補償費應公平及公正地分配與業主與克來美，惟應以補償業主當時尚未收回其對該旅館之投資為優先。

如該旅館僅有一部分被接管或徵收，且該部分之接管或徵收依克來美之合理意見，認為利用其餘部分經營與接管或徵收前相同等級之旅館一事，並非輕率或不合理時，本契約不必終止，但給予業主任何補償費應悉數充做旅館或其任何部分之合理必須之變更或修改費用，俾使其成為一理想之建築物，用以經營與接管或充公前相同等級之旅館。扣除該項變更或修改之必須費用外，剩餘之補償費應公平及公正地分配予業主與克來美，以補償克來美因該項接管或充公所致之任何收入上之損失。

第十條　履行約定事項權與償還

任何時間，如克來美未能於第十二條規定之限期內及於收到通知後，依本約給付任何應付款項或履行任何應盡義務時，業主得給付該等款項或履行該項義務，而毋須再行通知或要求克來美，亦不因之而放棄或解除克來美依本約應履行之任何義務。由業主給付之一切款額，以及業主履行上述任何行為涉及之一切必要附帶成本與費用，連同自業主支付上述款項之日起，依香港海外信託銀行向其最有信用之商業客戶收取之主要商業貸款利率計算之利息，應於業主提出要求時給付業主。如業主未能於第十二條規定之限期內及收到通知後，依本約給付任何應付款項或履行任何義務時，克來美得給付該等款項或履

行該項義務，而毋須再行通知或要求業主，亦不因之而放棄或解除業主依本約應負之任何義務。由克來美給付之一切款項，以及克來美履行上述任何行為涉及之一切必要之附帶成本與費用；連同自克來美開支上述費用之日起依香港海外信託銀行向其最有信用之商業客戶收取之主要商業貸款利率計算之利息，與業主依第一條第三項、第五項應給付克來美或其關係企業之一切款額，以及自其應付款到期日起依上述利率計算之利息等，應於克來美提出要求時給付克來美，或得依克來美選擇，自當時或其後依本約規定應付之「業主之利益分配」，任何分期付款中抵扣。

除緊急情況外，如雙方就上述代付款項或代為履行義務之必要性已提出善意之異議且已將異議交付仲裁時，則任何一方皆無權給付任何款項或履行任何行為。

如業主與克來美間發生異議，且將該異議依第十四條規定送交仲裁，在仲裁程序尚未終結之期間，克來美仍應繼續經營旅館（盡力繼續經營之），惟克來美應受付本約規定給付克來美之收費，應付款及償還款。

第十一條　違約

下列情況應構成違約事件：

(一)何一方未能於付款到期日後三十天內給付他方本約規定之任何款項。

(二)任何一方依破產法自動聲請破產，或無力償付，或在任何破產法下聲請重整。

(三)任何一方由其債權人聲請破產，或任何一方未能於上述債權人聲請破產提出後六十天內撤銷任何對債權人聲請破產之核准命令。

(四)指定破產管理人處理任何一方之全部或大部分財產。

(五)任何有管轄權法院依據某一債權人堅請發布命令、判決或裁定宣告任何一方破產，或無能償付，或核准重整之聲請，或指定一財產管理人、委託管理人或清算人處理該當事人之全部或大部分資產，且該項命令、判決或裁定連續一百二十天繼續有

效時。

(六)克來美自動放棄旅館。

(七)業主未能按克來美依本約第一條第二項、第五項、第六項規定核准之計畫、規格及設計建造該旅館並提供裝設、設備及裝潢或未能改正克來美依本約第一條第十項規定以書面通知所提出之缺點或瑕疵。

(八)任何一方未能履行、保持或完成本約規定之任何其他約定、承諾、義務或條件，且於違約通知後，該項違約事件繼續存在三十天時。任何上述違約事件發生後，未違約之一方得通知違約之一方其意欲於該項通知日期後十五曆日終止本契約，上述期限屆滿後，本約應立即終止。惟如違約之一方於收到該通知後，立即改正違約事件，該項通知即不再有效。或如違約事項不可能於十五天內改正，但違約之一方採取行動努力改正該違約事項時，則上述終止通知所載之終止生效日期，應依違約之一方所需改正該違約事項之合理時間延長之。

本約賦予之權利不得取代相關法條所賦予之任何與一切違約有關權利及補救辦法，而應視為其附加權利。

雖有上述違約規定，但如雙方間就已發生之上述任何事件已提出善意之異議且已將異議交付仲裁時，則不得視為任何一方已違犯本約。

除本約另有其他規定外，如本約任何一方因任何不可抗力原因而遲延或無法全部或部分依本約履行義務（付款義務除外）或條件，或行使其權利時，則在導致遲延或無法履行期間或該原因發生後三十天期間，該當事人一方得毋須履行該等義務或條件。本約內所稱「不可抗力」係指天災、政府行為、罷工、停工，或其他工業動亂、公敵行動、封鎖、戰爭、叛亂或暴動、疫癘、山崩、火災、暴風雨、水災、爆炸，或其他超出該當事人控制力之其他類似原因。

第十二條　商業名稱

除由業主與克來美雙方另行合意定名外，於「營運期間」內旅館之名稱定為「高雄克來美飯店」，克來美應使"Acclimate"商業名稱及

服務標章之所有權人按照協商之條件，與業主簽署一授權合約，授權業主在地主國法律規定下，於本約期間就相關於旅館營運之範圍內非專屬的使用該商業名稱及服務標章。惟雙方承認，當單獨或與其他字句配合使用 "Acclimate"、"Regency"、"Acclimate Regency"、"Grand Acclimate"、"Park Acclimate" 名稱時，該等名稱應屬香港克來美公司及克來美公司之專有財產。因此，業主因克來美任何違約行為而生之權利或補救，或本約期滿或提前終止而將該旅館之經營及管理交付業主，或本約任何規定中，皆未賦予業主，或其任何受讓人或繼承人，或經由業主提出要求之任何個人、公司行號使用或經營旅館或處理其他事務時，單獨使用或與其他字句配合使用 "Acclimate"、"Regency" 或 "Acclimate Regency"、"Grand Acclimate" 或 "Park Acclimate" 名稱之權利。如業主違犯本項約定，克來美得有權要求損害賠償，以禁止命令以解除不法使用，或行使其他法定權利或補救辦法，且此項規定應視為不受本約期滿或提前終止之影響。

第十三條　仲裁

因本約或本約之違反、終止、或其效力而發生或與其有關之任何糾紛、爭論或主張，應依本約生效日期當時有效之國際商會制定之仲裁規則所作成之終局及具約束力之仲裁判斷解決之。

仲裁應由雙方選定之一位仲裁人進行仲裁並作成仲裁判斷，如自答辯人收到他方當事人提交仲裁要求之日期後九十天內，雙方就選任仲裁人無法達成協議時，應由委任機關選定仲裁人，該委任機關應係國際商會新加坡分會，如該分會不能行事時，則係新加坡國際仲裁中心。仲裁地點在新加坡，仲裁判斷應視為新加坡之一項仲裁判斷，且仲裁程序進行時，應以英語為適用語文。

依仲裁判斷裁定應給付之款項，應以美金支付，不含任何稅捐或任何其他扣除費用。仲裁判斷中應包括勝訴之一方之成本及費用，包括其合理法律費用，以及自違反本約之日期起至仲裁判斷裁定之金額全部付清之日止所發生之利息。仲裁人亦應訂定適當之利率，但上述期間內之利率，不得低於新加坡開發銀行對其最有信用商業借款人所收取之最優惠商業貸款利率。

仲裁人作成之判斷，應係雙方當事人間有關已提交仲裁人仲裁之一切請求，或相對請求事項之唯一補償。

第十四條　繼承人與受讓人

一、克來美轉讓

克來美有權將其依本約享有之權利及應盡之義務轉讓予香港克來美之任一或一個以上關係企業或其獨資擁有之子公司。惟各該受讓人須在香羞克來美組織中享有與克來美相同程度之利益，惟克來美應依本約繼續負責，一如本約並未轉讓時相同。

除上述規定外，未經業主同意前，克來美不得轉讓本約予他人。

二、業主轉讓

業主有權將其依本約享有之權利與應盡之義務，或其在旅館享有之利益轉讓予任何關係企業或業主獨資擁有之任何子公司，惟業主應依本約繼續負責，一如本約並未轉讓時相同。

除上述規定外，業主不得將本約轉讓，或將其在旅館中享有之利益以依任何方式出售、轉讓或移轉予他人，且於本約簽署日當時持有業主過半數股權之股東，亦不得將彼等持有之業主股權出售、轉讓或移轉予非其家庭或員工他人，但如為公開上市之目的而必須改變業主之股份持有結構者不在此限，惟該等人員及其家庭成員仍應持有公開上市情況下得容許持有之最高股權，且認得指派業主過半數之董事。

三、繼承人與受讓人

本約之條款、規定、約定、承諾、協議、義務與條件應對雙方當事人之利益繼承人與受讓人具有約束力並及於彼等利益，但由或經由克來美或業主違犯本契約規定而作之任何轉讓、轉移、質押、抵押或租賃，皆不得授予其受讓人、承買人、抵押權人、質權人、承租人或任何佔有人任何權利。

四、關係企業

「關係企業」一詞視情況係指業主或香港克來美之母公司，以及該母公司獨資擁有之任何公司。

第十五條　其他文件

業主應申請登記本約，簽署並提交一切其他適當補充契約文件及其他文件，並採取其他必要行動，包括取得任一方政府之核准，以使本約成為本約雙方當事人間之適法有效、有約束力及可執行之契約，並得以之對抗第三人。其所需任何規費或費用應由業主與克來美平均負擔。

第十六條　通知

任何一方當事人對他方當事人發出之任何通知，如係以專人遞送，或以貼足郵資之掛號信件寄送，應送交於：

業主之地址：正本——中華民國台灣高雄市中正一路三〇號十二
　　　　　　　　　　樓
　　　　　　　副本——中華民國台灣台北市信義路四段四〇號十
　　　　　　　　　　樓

克來美地址：香港九龍彌敦道六十號

或送交當事人之一方按本約規定通知他方之其他指定地址或收件人時，應視為已正式送達。

第十七條　適用法律

本約應依在中華民國台灣適用之法律為準據以解釋、說明與適用。本約應以英文及中文兩種版本簽署。如兩版本之詞有不相符之處，應以英文本為準。

第十八條　其他規定

一、簽約權

本約每一當事人茲各別保證，本約之簽訂及本約規定事項之完成，均不致違反任何法律規定，或違反對各該當事人有管轄權之任何法院、政府機關之法律或判決、令狀、禁止命令、命令或裁定之規定，亦不會導致或構成違反各該當事人所參與或受約束之任何契約、合約、其他承諾或限制條件之行為。本約每一當事人並保證其目前以及本約有效期間及其任何延展期間內，確有簽署本約之全權，及履行本約義務之權。

二、同意與核准

　　本約規定應由業主或克來美同意或認可之事項，業主或克來美不得無合理理由而拒絕同意或認可，且該等同意或認可應以書面爲之，並由同意與認可之一方當事人授權之主管或代理人簽署。業主或克來美收到他方當事人要求同意或認可之請求後，如未能於三十天內答覆，則視爲其已同意或認可。

三、全部協議

　　本約連同雙方簽署並指明爲本約條件之文件，以及依本約應簽署並交付之任何文件，構成雙方間之全部協議，並取代以前之一切協議及文件，非經本約雙方簽署書面文件，不得修訂或更改。

四、不受終止影響之義務

　　即使依本約規定終止本約或終止克來美對旅館之管理，但爲符合雙方當事人意願而須任一方當事人繼續履行之一切義務，包括但不限於業主應給付克來美之款項等，應於本約終止後以迄該等義務完全履行前，繼續有效。

五、棄權

　　因任何原因而放棄本約任何條款規定或條件，不得視爲其後就該項原因亦放棄該項條款規定或條件。

六、指數依據

　　依本約規定應給付之固定金額，不論其明定爲美金或地主國貨幣，應以下列指數爲計算依據：

　　(一)營運期間內每一會計年度，應將該項金額乘以其前一會計年度旅館客房平均費率與營運期間第一會計年度旅館客房平均費率之比值。

　　(二)自本約簽約日起至該旅館正式開始營運前，應依台灣地區消費物價指數爲依據。

七、比例分攤

　　依本約規定應於營運期間內任一會計年度給付之款項，應就該會計年度之任何部分（不得超過十二個曆月）比例分攤。

八、副本

本約應以複本方式分別用英文及中文簽訂，且此兩種語文本均應視為正本。但如在解釋上不一致時，當應以英文本為準。

第十九條　特別條件

有下列任一情形時，克來美有權終止本契約，縱使業主以不可抗力為由提出任何主張，克來美亦得行使此項終止權：

(一)克來美之董事會於本約簽署日起三十天內拒絕批准本契約。

(二)業主未能於本約簽署後六十天內委託Horwath & Horwath International, Pannell Kerr Forster或另一具套餐飲服務業經驗之知名顧問公司進行可行性研究，該項研究應包括就旅館營業收益和費用所提出之十年預測報告，或於該項研究報告完成後，經克來美審查認為並無充分理由證明旅館具有經濟生存能力者。

(三)業主未能於本約簽署日起不超過六個月之合理時間內，取得令克來美認為滿意，且可確保業主履行本約規定義務之財務承諾。

(四)業主未能於合理時間內取得政府准許業主建造旅館，以及准許克來美本約規定經營旅館之一切必要核准文件、裁定、決議、命令、同意、執照與許可證。

(五)業主未能於一九九三年十二月三十一日之前已開始建造旅館。

(六)業主未能於一九九六年十二月三十一日之前已大致完成旅館之建造、裝配、布置與裝潢工作。

(七)收受以美金或其他得自由轉換以美金之貨幣給付之費用，及費用償還金，且有匯返該等款項之權利。

為證明起見，雙方爰於首揭日期簽署本約為憑。

茲假設有裕龍（台灣）控股公司Rich Dragon （Taiwan） Holding Company欲在台灣高雄投資興建一座國際觀光旅館，並委由香港克來美酒店管理顧問公司以管理合約方式經營，旅館以「克來美大飯店」為名營業，則其各方面關係如下：

業主

　　裕龍觀光事業股份有限公司（Rich Dragon Tourism Co., Ltd.）

　　高雄市中正一路30號12樓

經營者

　　香港克來美酒店管理顧問公司（Acclimate Hotel Management Company （H.K.） Ltd.）

　　香港九龍彌敦道60號

旅館名稱

　　克來美大飯店（Grand Acclimate Hotel Kaohsiung）

（註：本例中所述之相關業主、經營者及旅館名稱均為虛構，為謀將合約內容之說明更加具體，乃假設上列之各關係人，特予說明之。）

附錄二　旅館業用語

American Plan　美國式計價（房租包括三餐在內）

Agent　代理商

Airline Company　航空公司

Air-Pocket　氣渦

Assistant Manager　襄副理

Assistant Housekeeper　客房管理助理員

Apartment Hotel　公寓旅館

Air-Chute　氣送管

Airfield　飛機場

Arcade　地下室，市內街道（有頂蓋），商店街

Allowance Chit　折讓調整單

Accommodations　住宿設備

Activity center（tour desk）　觀光、旅遊服務櫃台

Alcove　凹室（擺放床舖或書架的地方）

Annex　別館

Amenity　旅館內的各種設備、備品

Aperitif bar　飯前為開胃輕酌的酒吧

Atrium　中庭大廳

Adjoining Room　互相連接的房間

ASTA（American Society of Travel Agents）　美國旅行業協會

Air Curtain　空氣幕

Airtel（Airport Hotel）　機場旅館

Airmail Sticker　航空信戳

Automat　自動販賣機

Bell Room　行李間

Boatel　遊艇旅館

Bill Clerk　收款員

Bed Cover　床套

Baby Bed　嬰兒用床

Bell Hop（Bell Man）　行李員

Bath Robe　浴衣

Banquet Facility　宴會設備

Banquet Hall　宴會廳

Bachelor Suite（Junior Suite）　小型套房或單間套房

Ballroom　大宴會場

Bay Window　向外凸出的窗門

Bed-and-Breakfast（B&Bs）　（房租包括早餐）民宿旅館

Bed-Sitter　客廳兼用臥房

Bell Desk　行李員服務櫃台（亦稱Porter Desk）

Beverage　飲料

Bidet　浴室內女用洗淨設備

Bistro　小型酒館

Board Room　豪華會議室

Boutique Hotel　小巧玲瓏的旅館

Brunch　早餐兼賣午餐

Budget-Type Hotel　經濟級旅館（日本稱為Business Hotel）

Buffet　自助餐

Bungalow　別墅式平房

Bunk Bed　雙層床

Business Center　商務服務中心

Business Hotel　經濟級商務旅館

Butler Service　各樓專屬值勤服務員

Bar Tender　調酒員

Baggage Allowance　行李限制量

Bath Room　浴室

Bath Tub　浴缸

Bath Mat　防滑墊

Bell Boy　侍役，行李員

Booking　訂位

Bell Captain　行李員領班

Baby Sitter　看護小孩子的人
Banquet　宴會
Boatel　船舶旅館
Baggage Declaration　行李申報書
Bill　帳單
Bus Boy　練習生，跑堂
Casino　賭場
Catering-Manager　餐飲部經理
Crib　小兒床
City Information　提供市內導遊情報
Cocktail Party　雞尾酒會
Cocktail Lounger　酒廊
Carrier　運輸公司
Charters　包船、包機
Conducted Tour　導遊旅行團
Continental Plan　大陸式計價（房租包括早餐在內）
Coupons　服務憑單、聯單
Courier　跑差
Cabin　船艙、機艙
Check in　住進旅館
Check out　遷出旅館
Chef　主廚
Cloak Room　衣帽間
Coffee Shop　咖啡廳、簡速餐廳
Commission　佣金
Convention　集會、會議
Credit Card　信用卡
Cuisine　烹飪
Currency　通貨、貨幣
Custom　海關

Connecting Bath Room　兩室共用浴室

Concierge　旅館服務管理員（或服務中心）

Choice Menu　可以任選之菜單

City Hotel　都市旅館

Commercial Hotel　商用旅館

Chilled Water　冰水

Cashier　出納

Customs Duty　關稅

City Ledger　外客簽帳

Catering Department　餐飲部

Control Chart　訂房控制圖

Control Sheet　訂房控制表

Complaint　不平、抱怨、申訴

Cancellation　取消、取消訂房

Complimentary Room　優待房租（免費）

Connecting Room　兩間相通之房間（內有門相通）

Chain Hotel　連鎖旅館

Complimentary　免費招待

Continental Plan　房租包括早餐

Deluxe Hotel　豪華級旅館

D.I.T.（Domestic Individual Tour）　本地旅行之散客

Dining Room　餐廳

Double Bedded Room　雙人房

Drug Store　藥房

Duo Bed　對床

Door Bed　門邊床

Don't Disturb　請勿打擾

Departure Time　出發時間

Daily Cleaning　每日清理

Dual Control　雙重控制系統或制度

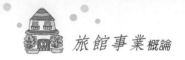

Disembarkation Card　入境申報書（卡）

Direct Mail（D.M.）　郵寄宣傳單

European Plan　歐洲式計價（即房租不包括餐費在內）

Excursion　遊覽

Executive Assistant Manager　副總經理

Executive House Keeper　房務管理主管

Elevator Boy（Girl）　電梯服務生

Escort　導遊人員

Excess Baggage　超量行李

Embarkation Card　出國申報書

Extra Bed　加床

Emergency Exit　安全門

First Class Hotels　第一流飯店

FIT（Foreign Individual Tourist）　國外旅行之散客

Full Pension（American Plan）　美國式計價（即房租包括餐費在內）

Front Office　前檯、櫃檯、接待處

Full House　客滿

Floor Station　樓層服務台

Front Clerk　櫃檯接待員

Foreign Conducted Tour　國外導遊旅行團

Foreign Exchange　外幣兌換

Flight Number　飛機班次

Food & Beverage　餐飲

Flight Delay　飛機誤時

Guaranteed Tour　鐵定按期舉行之旅行團

Guided Tour　導遊旅行

Greeter　接待員

Good-Will Ambassador　親善大使

Grill　烤肉館、餐廳

Guide Book　旅行指南

Guest History　旅客資料卡

Guest Ledger　房客帳

Hotelier　旅館業者

Hotel Representative　旅館業務代理商

Holly Wood Bed　好萊塢式床

Hide-A-Bed　隱匿床

High Way Hotel　公路旅館

Holiday-Maker　假日遊客

Home Away From Home　家外之家（賓至如歸）

Hotel Coupon　旅館服務聯單

Hot Spring Resort　溫泉遊樂地

Harbor　港口

Hotel Chain　旅館之連鎖經營

Hospitality Industry　接待企業（旅館業）

Haberdashery　男用服飾品店

Hand Shower　手動淋浴

IFTA（International Federation of Travel Agencies）　國際旅行業同盟

Inside Room　向內的房間

Key Mail Information　櫃台（保管鑰匙、信件，提供諮詢等服務）

Limousine Service　機場與旅館間定期班車

Laundry Chute　洗衣投送管

Laundry List　洗衣單

Magic Door　電動開關門

Mattress　床墊

Maid Truck　女清潔員用車

Mail Chute　信件投送管

Main Dining Room　主要餐廳（旅館內的代表性餐廳）

Message　留言

Messenger　信差

Medicine Cabinet　化粧箱

Mixing Valve　混合水管（冷熱水同一水管）

Motor Court（Motor Hotel）　汽車旅館

Modified American Plan　修正美國式計價（即房租包括兩餐在內）

Manager　經理

Message Slip　留言字條

Master Key　通用鑰匙，主鑰匙（可啓開全樓門鎖者）

Make Up Room　清理房間

Make Bed　整床，做床

Morning Call　早晨叫醒服務

Motel　汽車旅館

Maid　客房女服務生

Menu　菜單

Money Change　兌換貨幣

Night Table　床頭几

Night Manager　夜間經理

No Show　有訂房而沒有來之旅客

Night Club　夜總會

Occupied Room　已住用之客房

Open Kitchen　餐廳內之簡易廚房

Occupancy　客房住用率

One-Way Fare　單程車資

Over Land Tour　經過陸地之旅行（例如旅客由基隆上岸，經過陸地觀
　　　　　　　　光再由高雄搭乘原來之輪船離開）

Over Booking　超收訂房

Off Season　淡季

Porter　行李服務員，服務生

Page　旅館內廣播尋人

Passenger　旅客

Passport　護照

Package Tour　包辦旅行

Private Bath Room　專用浴室

Pass Key　通手鑰匙

Personal Effects　隨身物品

Parking　停車場

Public Space　公共場所

Quarantine　檢疫

Resident Manager　駐館經理或副總經理

Reservation　訂房

Room Clerk　櫃台接待員

Room Maid　客房女服務員

Room Number　房間號碼

Register　登記、收銀機、登記簿

Room Rack（Room Controller）　客房控制盤

Reception　接待

Room Service　房內餐飲服務

Rack Slip　控制盤上之資料卡

Residential Hotel　長期性旅館

Resort Hotel　休閒旅館

Recreation Business　遊樂事業、觀光事業

Rental Car　租車

Resorts　遊樂區

Room Rate　房租

Round Trip　來回行程

Routing　旅行路線、安排

Room Slip　配房通知單

Rooming Guest　安排房間，安頓客人

Regular Chain　旅館連鎖經營

Reservation Clerk　訂房服務員

Service Elevator　員工電梯

Service Station　各樓服務台

Servidor　服務箱（同Service Door）

Salad Bar　自助餐廳

Sheet Paper　紙墊

Shower Curtain　浴室帳簾

Sitting Bath　坐用浴室

Statler Bed（Sofa Bed）　沙發床

Stationary Holder　文具夾

Sticker　行李標貼

Space Sleeper　壁床

Special Suite　特別套房

Semi-double bed　半雙人床

Semi-Pension　提供兩餐之房租

Semi-Residential Hotel　半長期旅館

Subway　地下鐵路

Sleep Out　外宿

Suite　套房

Studio Bed　兩用床

Shower Bath　淋浴，蓮蓬浴

Service Door　服務門箱（形如信箱，掛在客房間口，為避免打擾住客
　　　　　　　　每次開門，可將報紙、洗衣物等放入此箱）

Schedule　行程表

Service Charge　服務費

Sight-Seeing　觀光

Snack Bar　快餐廳、簡易餐廳

Safe Box　保險箱

Spa　溫泉浴場

Suburban Hotel　都市近郊旅館

Terminal Hotel　終站旅館

Tariff　房租

Tourist Court　汽車旅館

Travel Information　旅遊服務

Trunk Room　行李倉庫

Tea Party　茶會

T. O. System　外宴（自助餐供應方式之一種，即由每一窗口供應每一
　　　　　　　道不同的餐食）

Tissue Paper　化粧紙

Travel Agent　旅行社

Tour　旅行團

Table d'hote　全餐，特餐

Tour Basing Fare　基本旅行費用

Tour Package　全套旅遊

Tourist　觀光客

Transfers　接送

Twin Room　雙人房

Transient Hotel　短期性旅館

Tax Exemption　免稅

Technical Tourism　產業觀光

Tour Conductor　導遊員

Tour Manager　觀光部經理

Tour Operator　組織遊程的旅行社

Tourism　觀光事業

Tourist Industry　觀光事業

Travel Industry　觀光事業

Time Table　時間表

Travel Voucher（Exchange Order, Service Order）　旅行服務憑證

Travelers Cheque　旅行支票

Tour Guide　導遊

U-Drive Service　私車出租

Unaccompanied Baggage　貨運行李

Unoccupied or Vacant Room　空房

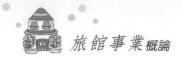

Uniform Service　旅客服務（包括機場接待員、門衛、行李員、電梯
服務員等，將旅客接到房內之一貫服務）

Vacation　假期

Visa　簽證

V.I.P.　重要人物

Valuables　重要物品

Vaccination Certificate　檢疫證明書

Waiter　男服務生

Waitress　女服務生

Wash Room　洗手間

Wash Towel　浴巾

Youth Hotel　青年招待所

資料來源：詹益政，《旅館經營實務》，1994年版，頁471-474，作者
並加以整理。

附錄三　大陸旅遊涉外飯店星級的劃分與評定

前言

《旅遊涉外飯店星級的劃分與評定》（GB／T 14308－93）自1993年發布以來，對指導與規範旅遊飯店的建設與經營管理，促進我國旅遊飯店業與國際接軌，發揮了巨大的作用。隨著我國旅遊飯店業的發展，也出現了一些值得注意研究的新情況，如不同飯店已形成了不同的客源對象和消費層次，社會提供的可替代服務項目也在不斷增加，這就要求旅遊涉外飯店應當根據自身客源需求和功能類別，更加自主地選擇服務項目。為避免旅遊飯店企業的資源閒置和浪費，促進我國旅遊飯店建設和經營的健康發展，需要對GB／T 14308－93進行修訂。

本次修訂的主要內容如下：

1. 在引用標準中加入了《旅遊飯店用公共資訊圖形符號》（LB／T 001－1995），並在各星級中做了具體要求；
2. 對各星級、各工作崗位的語言要求有所改變；
3. 對三星級以上客房數最低數量的要求由原來的50間改為40間；
4. 對四星級以上飯店客房最小面積的要求量化為20平方米；
5. 對廚房的要求更加細化；
6. 對三星級以上飯店加入了選擇項目，使飯店能夠根據自己的經營實際需要來確定投資和經營哪些項目。選擇項目共79項，包括客房10項；餐廳及酒吧9項；商務設施及服務5項；會議設施10項；公共及健康娛樂設施42項。其中要求三星級至少選擇11項；四星級至少選擇28項；五星級至少選擇35項；
7. 刪去了標準中第8、9兩個與本標準無關的部分。

本標準首次發布於1993年9月1日，首次修訂於1997年10月16日，自1998年5月1日起替代GB/T 14308－93。

本標準由國家旅遊局提出。

本標準由全國旅遊標準化技術委員會歸口並負責解釋。

本標準主要起草單位：國家旅遊局旅行社飯店管理司。

本標準主要起草人：魏小安、劉衛、朱亞東、何紅琳、張明武、

彭德成。

中華人民共和國國家標準GB／T 14308－1997旅遊涉外飯店星級的劃分及評定代替GB／T 14308－93

Star-rating standard for tourist hotels

1.範圍

本標準規定了旅遊涉外飯店的星級分類和評定的原則、方法和要求。

本標準適用於各種經濟性質的開業一年以上的旅遊涉外飯店，包括賓館、酒店、度假村等的星級劃分及評定。

2.引用標準

下列標準所包含的條文，通過在本標準中引用而構成為本標準的條文。本標準出版時，所示版本均為有效。所有標準都會被修訂，使用本標準的各方應探討使用下列標準最新版本的可能性。

LB／T 001－1995 旅遊飯店用公共資訊圖形符號

3.定義與代號

3.1定義

3.1.1星級

用星表示旅遊涉外飯店的等級和類別。

3.1.2旅遊涉外飯店 tourist hotel

能夠接待觀光客人、商務客人、度假客人以及各種會議的飯店。

3.2代號

星級用五角星表示，用一顆五角星表示一星級，兩顆五角星表示二星級，三顆五角星表示三星級，四顆五角星表示四星級，五顆五角星表示五星級。

4.星級的劃分和依據

4.1旅遊涉外飯店劃分為五個星級，即一星級、二星級、三星級、四星級、五星級。

星級越高，表示飯店檔次越高。本標準的標誌按有關標誌的標準執行。

4.2星級的劃分以飯店的建築、裝飾、設施設備及管理、服務水準為依據，具體的評定辦法按照國家旅遊局頒布的設施設備評定標準、設施設備的維修保養評定標準、清潔衛生評定標準、賓客意見評定標準等五項標準執行。

5.安全、衛生、環境和建築的要求

旅遊涉外飯店的建築、附屬設施和運行管理應符合消防、安全、衛生、環境保護現行的國家有關法規和標準。

6.星級劃分條件

6.1一星級

6.1.1 飯店布局基本合理，方便客人在飯店內的正常活動。

6.1.2 飯店內公共資訊圖形符號符合LB／T 001。

6.1.3 根據當地氣候，有採暖、製冷設備，各區域通風良好。

6.1.4 前廳

　　a.有前廳和總服務台；

　　b.總服務台有中、英文標誌，18h有工作人員在崗，提供接待、問詢和結帳服務；

　　c.提供留言服務；

　　d.定時提供外幣兌換服務；

　　e.總服務台提供飯店服務項目宣傳品、飯店價目表、市交通圖、各種交通工具時刻表；

　　f.有貴重物品保存服務；

　　g.有供客人使用的行李推車，必要時提供行李服務。有小件行李存放服務；

　　h.設值班經理，16h接待客人；

　　i.設客人休息場所；

　　j.能用英語提供服務。各種指示用和服務用文字至少用中英文同時表示。

6.1.5客房

　　a.至少有20間（套）可供出租的客房；

　　b.裝修良好，有軟墊床、桌、椅、床頭櫃等配套家具；

c.至少75%的客房有衛生間，裝有抽水馬桶、面盆、淋浴或浴缸，配有浴帘。客房中沒有衛生間的樓層設有間隔式的男女公用衛生間。飯店有專供客人使用的男女分設公共浴室，配有浴帘。採取有效的防滑措施。24h供應冷水，16h供應熱水；

d.有遮光窗帘；

e.客房備有飯店服務指南、價目表、住宿規章；

f.客房、衛生間每天全面整理1次，隔日更換床單及枕套；

g.16h提供冷熱飲用水。

6.1.6 餐廳

a.總餐位數與客房接待能力相適應；

b.有中餐廳；

c.餐廳主管、領班能用英語服務。

6.1.7 廚房

a.位置合理；

b.牆面磁磚不低於2m，用防滑材料滿鋪地面；

c.冷菜間、麵點間獨立分隔，有足夠的冷氣設備。冷菜間內有空氣消毒設施；

d.粗加工間與操作間隔離，操作間溫度適宜；

e.有足夠的冷庫；

f.洗碗間位置合理；

g.有專門放置臨時垃圾的設施並保持其封閉；

h.廚房與餐廳之間，有起隔音、隔熱和隔氣味作用的進出分開的彈簧門；

i.採取有效的消殺蚊蠅、蟑螂等蟲害措施。

6.1.8 公共區域

a.有可直撥國際、國內的公用電話，並配備市內電話簿；

b.有男女分設的公共衛生間；

c.有應急照明燈。

6.2 二星級

6.2.1飯店布局基本合理，方便客人在飯店內的正常活動。

6.2.2飯店內公共資訊圖形符號符合LB／T 001。

6.2.3根據當地氣候，有採暖、製冷設備，各區域通風良好。

6.2.4前廳

　　a.有與飯店規模、星級相適應的前廳和總服務台；

　　b.總服務台有中英文標誌，24h有工作人員在崗，提供接待、問詢和結帳服務；

　　c.提供留言服務；

　　d.定時提供外幣兌換服務；

　　e.總服務台提供飯店服務項目宣傳品、飯店價目表、市交通圖、本市旅遊景點介紹、各種交通工具時刻表、與住店客人相適應的報刊；

　　f.能接受國內客房、餐飲預訂；

　　g.有可由客人自行開啓的貴重物品保險箱；

　　h.有供客人使用的行李推車，必要時提供行李服務。有小件行李存放服務；

　　i.設值班經理，16h接待客人；

　　j.設客人休息場所；

　　k.能用英語提供服務。各種指示用和服務用文字至少用中英文同時表示；

　　l.總機話務員能用英語爲客人提供電話服務。

6.2.5客房

　　a.至少有20間（套）可供出租的客房；

　　b.裝修良好，有軟墊床、桌、椅、床頭櫃等配套家具，照明充足；

　　c.有衛生間，裝有抽水馬桶、面盆、梳粧鏡、淋浴或浴缸，配有浴簾。採取有效的防滑措施。24h供應冷水，18h供應熱水；

　　d.有電話，可通過總機撥通國內與國際長途電話。電話機旁備有使用說明；

e.有彩色電視機；

f.具備防噪音及隔音措施；

g.有遮光窗簾；

h.有與飯店本身星級相適應的文具用品。有飯店服務指
南、價目表、住宿規章、本市交通圖和旅遊景點介紹；

i.客房、衛生間每天全面整理1次，每日更換床單及枕套；

j.24h提供冷熱飲用水；

k.提供一般洗衣服務；

l.應客人要求提供送餐服務。

6.2.6餐廳及酒吧

a.總餐位數與客房接待能力相適應；

b.有中餐廳，能提供中餐。晚餐結束客人點菜時間不早於
20時；

c.有咖啡廳（簡易西餐廳），能提供西式早餐。咖啡廳（或
有一餐廳）營業時間不少於12h並有明確的營業時間；

d.有能夠提供酒吧服務的設施；

e.餐廳主管、領班能用英語服務。

6.2.7廚房

a.位置合理；

b.牆面滿鋪磁磚，用防滑材料滿鋪地面，有吊頂；

c.冷菜間、麵點間獨立分隔，有足夠的冷氣設備。冷菜間
內有空氣消毒設施；

d.粗加工間與操作間隔離，操作間溫度適宜，冷氣供給應
比客房更為充足；

e.有足夠的冷庫；

f.洗碗間位置合理；

g.有專門放置臨時垃圾的設施並保持其封閉；

h.廚房與餐廳之間，有起隔音、隔熱和隔氣味作用的進出
分開的彈簧門；

i.採取有效的消殺蚊蠅、蟑螂等蟲害措施。

6.2.8公共區域

a.提供迴車線或停車場；

b.4層（含）以上的樓房有客用電梯；

c.有公用電話，並配備市內電話簿；

d.有男女分設的公共衛生間；

e.有小商場，出售旅行日常用品；

f.代售郵票，代發信件；

g.有應急照明燈。

6.3 三星級

6.3.1飯店布局合理，外觀具有一定的特色。

6.3.2飯店內公共資訊圖形符號符合LB／T 001。

6.3.3有空調設施，各區域通風良好。

6.3.4有與飯店星級相適應的計算機管理系統。

6.3.5前廳

a.有與接待能力相適應的前廳。內部裝修美觀別緻。有與飯店規模、星級相適應的總服務台；

b.總服務台有中英文標誌，分區段設置接待、訊問、結帳，24h有工作人員在崗；

c.提供留言服務；

d.提供一次性總帳單結帳服務（商品除外）；

e.提供信用卡服務；

f.12h提供外幣兌換服務；

g.總服務台提供飯店服務項目宣傳品、飯店價目表、中英文本市交通圖、全國旅遊交通圖、本市和全國旅遊景點介紹、各種交通工具時刻表、與住店客人相適應的報刊；

h.有完整的預訂系統，可接受國內和國際客房和國內餐飲預訂；

i.有飯店和客人同時開啓的貴重物品保險箱。保險箱位置安全、隱蔽，能夠保護客人的隱私；

j.設門衛應接員，16h迎送客人；

k.設專職行李員，有專用行李車，18h爲客人提供行李服
務。有小件行李存放處；

l.設值班經理，24h接待客人；

m.設大廳經理，18h在前廳服務；

n.在非經營區設客人休息場所；

o.提供店內尋人服務；

p.提供代客預訂和安排出租汽車服務；

q.門廳及主要公共區域有殘疾人出入坡道，配備輪椅。有
殘疾人專用衛生間或廁位，能爲殘疾人提供特殊服務；

r.能用英語服務。各種指示用和服務用文字至少用中英文同
時表示；

s.總機話務員至少能用2種外語（英語爲必備語種）爲客人
提供電話服務。

6.3.6客房

a.至少有40間（套）可供出租的客房；

b.房間面積寬敞；

c.裝修良好、美觀，有軟墊床、梳妝檯或寫字檯、衣櫥及
衣架、座椅或簡易沙發、床頭櫃、床頭燈及行李架等配
套家具。室內滿鋪地毯，或爲木地板。室內採用區域照
明且目的物照明度良好；

d.有衛生間，裝有抽水馬桶、梳妝檯（配備面盆、梳粧
鏡）、浴缸並帶淋浴噴頭（有單獨淋浴間的可不帶淋浴噴
頭），配有浴帘、晾衣繩。採取有效的防滑措施。衛生間
採用較高級建築材料裝修地面、牆面，色調柔和，目的
物照明度良好。有良好的排風系統或排風器、110／220V
電源插座。24h供應冷、熱水；

e.有可直接撥通國內和國際長途的電話。電話機旁備有使
用說明及市內電話簿；

f.有彩色電視機、音響設備，並有閉路電視演播系統。播放

頻道不少於16個，其中有衛星電視節目或自辦節目，備有
頻道指示說明和節目單。播放內容應符合中國政府規定。
自辦節目至少有2個頻道，每日不少於2次播放，晚間結束
播放時間不早於0時；

g.具備有效的防噪音及隔音措施；

h.有遮光窗簾；

i.有單人間；

j.有套房；

k.有殘疾人客房，該房間內設備能滿足殘疾人生活起居的
一般要求；

l.有與飯店本身星級相適應的文具用品。有飯店服務指南、
價目表、住宿規章、本市旅遊景點介紹、本市旅遊交通
圖、與住店客人相適應的報刊；

m.客房、衛生間每天全面整理1次，每日更換床單及枕套，
客用品和消耗品補充齊全；

n.提供開夜床服務，放置晚安卡；

o.24h提供冷熱飲用水及冰塊，並免費提供茶葉或咖啡；

p.客房內一般要有微型酒吧（包括小冰箱），提供適量飲
料，並在適當位置放置烈性酒，備有飲酒器具和酒單；

q.客人在房間會客，可應要求提供加椅和茶水服務；

r.提供叫醒服務；

s.提供留言服務；

t.提供衣裝乾洗、濕洗和熨燙服務；

u.有送餐功能表和飲料單，18h提供中西式早餐或便餐送餐
服務，有可掛置門外的送餐牌；

v.提供擦鞋服務。

6.3.7 餐廳及酒吧

a.總餐位數與客房接待能力相適應；

b.有中餐廳。晚餐結束客人點菜時間不早於21時；

c.有咖啡廳（簡易西餐廳），能提供自助早餐、西式正餐。

咖啡廳（或有一餐廳）營業時間不少於16h並有明確的營業時間；

d.有適量的宴會單間或小宴會廳。能提供中西式宴會服務；

e.有獨立封閉式的酒吧；

f.餐廳及酒吧的主管、領班和服務員能用流利的英語提供服務。

6.3.8 廚房

a.位置合理；

b.牆面滿鋪磁磚，用防滑材料滿鋪地面，有吊頂；

c.冷菜間、麵點間獨立分隔，有足夠的冷氣設備。冷菜間內有空氣消毒設施；

d.粗加工間與操作間隔離，操作間溫度適宜，冷氣供給應比客房更爲充足；

e.有足夠的冷庫；

f.洗碗間位置合理；

g.有專門放置臨時垃圾的設施並保持其封閉；

h.廚房與餐廳之間，有起隔音、隔熱和隔氣味作用的進出分開的彈簧門；

i.採取有效的消殺蚊繩、蟑螂等蟲害措施。

6.3.9 公共區域

a.提供迴車線或停車場；

b.3層（含）以上的樓房有足夠的客用電梯；

c.有公用電話，並配備市內電話簿；

d.有男女分設的公共衛生間；

e.有小商場，出售旅行日常用品、旅遊紀念品、工藝品等商品；

f.代售郵票、代發信件，辦理電報、傳眞、複印、國際長途電話、國內行李托運、沖洗膠卷等；

g.必要時爲客人提供就醫方便；

　　　h.有應急供電專用線和應急照明燈。

6.3.10 選擇項目（共79項，至少具備11項）

　6.3.10.1 客房（10項）

　　　a.客房內可通過視聽設備提供帳單等的可視性查詢服務，
　　　　提供語音信箱服務；

　　　b.衛生間有飲用水系統；

　　　c.不少於50%的客房衛生間淋浴與浴缸分設；

　　　d.不少於50%的客房衛生間乾濕區分開（有獨立的化粧
　　　　間）；

　　　e.所有套房分設供主人和來訪客人使用的衛生間；

　　　f.設商務樓層，可在樓層辦理入住登記及離店手續，樓層有
　　　　供客人使用的商務中心及休息場所；

　　　g.商務樓層的客房內有收發傳真或電子郵件的設備；

　　　h.為客人提供免費店內無線尋呼服務；

　　　i.24h提供洗衣加急服務；

　　　j.委託代辦服務（金鑰匙服務）。

　6.3.10.2 餐廳及酒吧（9項）

　　　a.有大廳酒吧；

　　　b.有專業性茶室；

　　　c.有布局合理、裝飾豪華、格調高雅的西餐廳，配有專門
　　　　的西餐廚房；

　　　d.有除西餐廳以外的其他外國餐廳，配有專門的廚房；

　　　e.有餅屋；

　　　f.有風味餐廳；

　　　g.有至少容納200人正式宴會的大宴會廳，配有專門的宴會
　　　　廚房；

　　　h.有至少10個不同風味的餐廳（大小宴會廳除外）；

　　　i.有24h營業的餐廳。

　6.3.10.3 商務設施及服務（5項）

　　　a.提供國際互聯網服務，傳輸速率不小於64kbit／s；

b.封閉的電話間（至少2個）；

c.洽談室（至少容納10人）；

d.提供筆譯、口譯和專職秘書服務；

e.圖書館（至少有1000冊圖書）。

6.3.10.4 會議設施（10項）

a.有至少容納200人會議的專用會議廳，配有衣帽間；

b.至少配有2個小會議室；

c.同聲傳譯設施（至少4種語言）；

d.有電話會議設施；

e.有現場視音頻轉播系統；

f.有供出租的電腦及電腦投影儀、普通膠片投影儀、幻燈
機、錄影機、文件粉碎機；

g.有專門的複印室，配備足夠的影印機設備；

h.有現代化電子印刷及裝訂設備；

i.有照相膠卷沖印室；

j.有至少5000平方米的展覽廳。

6.3.10.5 公共及健康娛樂設施（42項）

a.歌舞廳；

b.卡拉OK廳或KTV房（至少4間）；

c.遊戲機室；

d.棋牌室；

e.影劇場；

f.定期歌舞表演；

g.多功能廳，能提供會議、冷餐會、酒會等服務及兼作歌
廳、舞廳；

h.健身房；

i.按摩室；

j.桑拿浴；

k.蒸汽浴；

l.衝浪浴；

m.日光浴室；

n.室內游泳池（水面面積至少40平方米）；

o.室外游泳池（水面面積至少100平方米）；

p.網球場；

q.保齡球室（至少4道）；

r.攀岩練習室；

s.壁球室；

t.桌球室；

u.多功能綜合健身按摩器；

v..電子模擬高爾夫球場；

w.高爾夫球練習場；

x.高爾夫球場（至少9洞）；

y.賽車場；

z.公園；

　aa.跑馬場；

　ab.射擊場；

　ac.射箭場；

　ad.實戰模擬遊藝場；

　ae.乒乓球室；

　af.溜冰場；

　ag.室外滑雪場；

　ah.自用海濱浴場；

　ai.潛水；

　aj.海上衝浪；

　ak.釣魚；

　al.美容美髮室；

　am.精品店；

　an.獨立的書店；

　ao.獨立的鮮花店；

　ap.嬰兒看護及兒童娛樂室。

6.3.9.6 安全設施（3項）

　　a.電子卡門鎖；

　　b.客房貴重物品保險箱；

　　c.自備發電系統。

6.4四星級

　6.4.1飯店布局合理

　　a.功能劃分合理；

　　b.設施使用方便、安全。

　6.4.2內外裝修採用高檔、豪華材料，工藝精緻，具有突出風格。

　6.4.3飯店內公共資訊圖形符號符合LB／T 001。

　6.4.4有中央空調（別墅式度假村除外），各區域通風良好。

　6.4.5有與飯店星級相適應的計算機管理系統。

　6.4.6有背景音樂系統。

　6.4.7前廳

　　a.面積寬敞，與接待能力相適應；

　　b.氣氛豪華，風格獨特，裝飾典雅，色調協調，光線充足；

　　c.有與飯店規模、星級相適應的總服務台；

　　d.總服務台有中英文標誌，分區段設置接待、問訊、結帳，24h有工作人員在崗；

　　e.提供留言服務；

　　f.提供一次性總帳單結帳服務（商品除外）；

　　g.提供信用卡服務；

　　h.18h提供外幣兌換服務；

　　i.總服務台提供飯店服務項目宣傳品、飯店價目表、中英文本市交通圖、全國旅遊交通圖、本市和全國旅遊景點介紹、各種交通工具時刻表、與住店客人相適應的報刊；

　　j.可18h直接接受國內和國際客房預訂，並能代訂國內其他飯店客房；

k.有飯店和客人同時開啓的貴重物品保險箱。保險箱位置安全、隱蔽，能夠保護客人的隱私；

l.設門衛應接員，18h迎送客人；

m.設專職行李員，有專用行李車，24h提供行李服務。有小件行李存放處；

n.設值班經理，24h接待客人；

o.設大堂經理，18h在前廳服務；

p.在非經營區設客人休息場所；

q.提供店內尋人服務；

r.提供代客預訂和安排出租汽車服務；

s.門廳及主要公共區域有殘疾人出入坡道，配備輪椅。有殘疾人專用衛生間或廁位，能爲殘疾人提供特殊服務；

t.至少能用2種外語（英語爲必備語種）提供服務。各種指示用和服務用文字至少用中英文同時表示；

u.總機話務員至少能用2種外語（英語爲必備語種）爲客人提供電話服務。

6.4.8客房

a.至少有40間（套）可供出租的客房；

b.70%客房的面積（不含衛生間）不小於20平方米；

c.裝修豪華，有豪華的軟墊床、寫字檯、衣櫥及衣架、茶几、座椅或簡易沙發、床頭櫃、床頭燈、檯燈、落地燈、全身鏡、行李架等高級配套家具。室內滿鋪高級地毯，或爲優質木地板等。採用區域照明且目的物照明度良好；

d.有衛生間，裝有高級抽水馬桶、梳妝檯（配備面盆、梳粧鏡）、浴缸並帶淋浴噴頭（有單獨淋浴間的可以不帶淋浴噴頭），配有浴簾、晾衣繩。採取有效的防滑措施。衛生間採用豪華建築材料裝修地面、牆面，色調高雅柔和，採用分區照明且目的物照明度良好。有良好的排風系統、110／220V電源插座、電話副機。配有吹風機。

24h供應冷、熱水；

e.有可直接撥通國內和國際長途的電話。電話機旁備有使用說明及市內電話簿；

f.有彩色電視機、音響設備，並有閉路電視演播系統。播放頻道不少於16個，其中有衛星電視節目或自辦節目，備有頻道指示說明和節目單。播放內容應符合中國政府規定。自辦節目至少有2個頻道，每日不少於2次播放，晚間結束播放時間不早於凌晨1時；

g.具備十分有效的防噪音及隔音措施；

h.有內窗簾及外層遮光窗簾；

i.有單人間；

j.有套房；

k.有至少3個開間的豪華套房；

l.有殘疾人客房，該房間內設備能滿足殘疾人生活起居的一般要求；

m.有與飯店本身星級相適應的文具用品。有飯店服務指南、價目表、住宿規章、本市旅遊景點介紹、本市旅遊交通圖、與住店客人相適應的報刊；

n.客房、衛生間每天全面整理1次，每日更換床單及枕套，客用品和消耗品補充齊全，並應客人要求隨時進房清掃整理，補充客用品和消耗品；

o.提供開夜床服務，放置晚安卡、鮮花或贈品；

p.24h提供冷熱飲用水及冰塊，並免費提供茶葉或咖啡；

q.客房內設微型酒吧（包括小冰箱），提供充足飲料，並在適當位置放置烈性酒，備有飲酒器具和酒單；

r.客人在房間會客，可應要求提供加椅和茶水服務；

s.提供叫醒服務；

t.提供留言服務；

u.提供衣裝乾洗、濕洗、熨燙及修補服務，可在24h內交還客人。16h提供加急服務；

v.有送餐功能表和飲料單，24h提供中西式早餐、正餐送餐
服務。送餐菜式品種不少於10種，飲料品種不少於8種，
甜食品種不少於6種，有可掛置門外的送餐牌；

w.提供擦鞋服務。

6.4.9 餐廳及酒吧

a.總餐位數與客房接待能力相適應；

b.有布局合理、裝飾豪華的中餐廳。至少能提供2種風味的
中餐。晚餐結束客人點菜不早於22時；

c.有獨具特色、格調高雅、位置合理的咖啡廳（簡易西餐
廳）。能提供自助早餐、西式正餐。咖啡廳（或有一餐廳）
營業時間不少於18h並有明確的營業時間；

d.有適量的宴會單間或小宴會廳。能提供中西式宴會服
務；

e.有位置合理、裝飾高雅、具有特色、獨立封閉式的酒
吧；

f.餐廳及酒吧的主管、領班和服務員能用流利的英語提供服
務。餐廳及酒吧至少能用2種外語（英語為必備語種）提
供服務。

6.4.10 廚房

a.位置合理、布局科學，保證傳菜路線短且不與其他公共
區域交叉；

b.牆面滿鋪磁磚，用防滑材料滿鋪地面，有吊頂；

c.冷菜間、麵點間獨立分隔，有足夠的冷氣設備。冷菜間
內有空氣消毒設施；

d.粗加工間與操作間隔離，操作間溫度適宜，冷氣供給應
比客房更為充足；

e.有足夠的冷庫；

f.洗碗間位置合理；

g.有專門放置臨時垃圾的設施並保持其封閉；

h.廚房與餐廳之間，有起隔音、隔熱和隔氣味作用的進出

分開的彈簧門；

　　i.採取有效的消殺蚊蠅、蟑螂等蟲害措施。

6.4.11 公共區域

　　a.有停車場（地下停車場或停車樓）；

　　b.有足夠的高品質客用電梯，轎廂裝修高雅，並有服務電
　　　梯；

　　c.有公用電話，並配備市內電話簿；

　　d.有男女分設的公共衛生間；

　　e.有商場，出售旅行日常用品、旅遊紀念品、工藝品等商
　　　品；

　　f.有商務中心，代售郵票，代發信件，辦理電報、電傳、傳
　　　真、複印、國際長途電話、國內行李托運、沖洗膠卷等。
　　　提供打字等服務；

　　g.有醫務室；

　　h.提供代購交通、影劇、參觀等票務服務；

　　i.提供市內觀光服務；

　　j.有應急供電專用線和應急照明燈。

6.4.12 選擇項目（共79項，至少具備28項）

　6.4.12.1 客房（10項）

　　a.客房內可通過視聽設備提供帳單等的可視性查詢服務，
　　　提供語音信箱服務；

　　b.衛生間有飲用水系統；

　　c.不少於50%的客房衛生間淋浴與浴缸分設；

　　d.不少於50%的客房衛生間乾濕區分開（有獨立的化粧
　　　間）；

　　e.所有套房分設供主人和來訪客人使用的衛生間；

　　f.設商務樓層，可在樓層辦理入住登記及離店手續，樓層有
　　　供客人使用的商務 中心及休息場所；

　　g.商務樓層的客房內有收發傳真或電子郵件的設備；

　　h.為客人提供免費店內無線尋呼服務；

i.24h提供洗衣加急服務；

j.委託代辦服務（金鑰匙服務）。

6.4.12.2餐廳及酒吧（9項）

a.有大廳酒吧；

b.有專業性茶室；

c.有布局合理、裝飾豪華、格調高雅的西餐廳，配有專門的西餐廚房；

d.有除西餐廳以外的其他外國餐廳，配有專門的廚房；

e.有餅屋；

f.有風味餐廳；

g.有至少容納200人正式宴會的大宴會廳，配有專門的宴會廚房；

h.有至少10個不同風味的餐廳（大小宴會廳除外）；

i.有24h營業的餐廳。

6.4.12.3商務設施及服務（5項）

a.提供國際互聯網服務，傳輸速率不小於64kbit／s；

b.封閉的電話間（至少2個）；

c.洽談室（至少容納10人）；

d.提供筆譯、口譯和專職秘書服務；

e.圖書館（至少有1000冊圖書）。

6.4.12.4會議設施（10項）

a.有至少容納200人會議的專用會議廳，配有衣帽間；

b.至少配有2個小會議室；

c.同聲傳譯設施（至少4種語言）；

d.有電話會議設施；

e.有現場視音頻轉播系統；

f. 有供出租的電腦及電腦投影儀、普通膠片投影儀、幻燈機、錄影機、文件粉碎機；

g.有專門的複印室，配備足夠的影印機設備；

h.有現代化電子印刷及裝訂設備；

i.有照相膠卷沖印室；

j.有至少5000平方米的展覽廳。

6.4.12.5 公共及健康娛樂設施（42項）

a.歌舞廳；

b.卡拉OK廳或KTV房（至少4間）；

c.遊戲機室；

d.棋牌室；

e.影劇場；

f.定期歌舞表演；

g.多功能廳，能提供會議、冷餐會、酒會等服務及兼作歌
廳、舞廳；

h.健身房；

i.按摩室；

j.桑拿浴；

k.蒸汽浴；

l.衝浪浴；

m.日光浴室；

n.室內游泳池（水面面積至少40平方米）；

o.室外游泳池（水面面積至少100平方米）；

p.網球場；

q.保齡球室（至少4道）；

r.攀岩練習室；

s.壁球室；

t.桌球室；

u.多功能綜合健身按摩器；

v.電子模擬高爾夫球場；

w.高爾夫球練習場；

x.高爾夫球場（至少9洞）；

y.賽車場；

z.公園；

　　　　aa.跑馬場；

　　　　ab.射擊場；

　　　　ac.射箭場；

　　　　ad.實戰模擬遊藝場；

　　　　ae.乒乓球室；

　　　　af.溜冰場；

　　　　ag.室外滑雪場；

　　　　ah.自用海濱浴場；

　　　　ai.潛水；

　　　　aj.海上衝浪；

　　　　ak.釣魚；

　　　　al.美容美髮室；

　　　　am.精品店；

　　　　an.獨立的書店；

　　　　ao.獨立的鮮花店；

　　　　ap.嬰兒看護及兒童娛樂室。

　　6.4.12.6安全設施（3項）

　　　　a.電子卡門鎖；

　　　　b.客房貴重物品保險箱；

　　　　c.自備發電系統。

　6.5五星級

　　6.5.1飯店布局合理

　　　　a.功能劃分合理；

　　　　b.設施使用方便、安全。

　　6.5.2內外裝修採用高檔、豪華材料，工藝精緻，具有突出風
　　　　格。

　　6.5.3飯店內公共資訊圖形符號符合LB／T 001。

　　6.5.4有中央空調（別墅式度假村除外），各區域通風良好。

　　6.5.5有與飯店星級相適應的計算機管理系統。

　　6.5.6有背景音樂系統。

6.5.7前廳

a.面積寬敞，與接待能力相適應；

b.氣氛豪華，風格獨特，裝飾典雅，色調協調，光線充足；

c.有與飯店規模、星級相適應的總服務台；

d.總服務台有中英文標誌，分區段設置接待、問訊、結帳，24h有工作人員在崗；

e.提供留言服務；

f.提供一次性總帳單結帳服務（商品除外）；

g.提供信用卡服務；

h.18h提供外幣兌換服務；

i.總服務台提供飯店服務項目宣傳品、飯店價目表、中英文本市交通圖、全國旅遊交通圖、本市和全國旅遊景點介紹、各種交通工具時刻表、與住店客人相適應的報刊；

j.可18h直接接受國內和國際客房預訂，並能代訂國內其他飯店客房；

k.有飯店和客人同時開啓的貴重物品保險箱。保險箱位置安全、隱蔽，能夠保護客人的隱私；

l.設門衛應接員，18h迎送客人；

m.設專職行李員，有專用行李車，24h提供行李服務。有小件行李存放處；

n.設值班經理，24h接待客人；

o.設大堂經理，18h在前廳服務；

p.在非經營區設客人休息場所；

q.提供店內尋人服務；

r.提供代客預訂和安排出租汽車服務；

s.門廳及主要公共區域有殘疾人出入坡道，配備輪椅。有殘疾人專用衛生間或廁位，能為殘疾人提供特殊服務；

t.至少能用2種外語（英語為必備語種）提供服務。各種指示用和服務用文字至少用中英文同時表示；

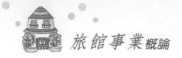
u.總機至少能用3種外語（英語爲必備語種）爲客人提供電話服務。

6.5.8 客房

a.至少有40間（套）可供出租的客房；

b.70%客房的面積（不含衛生間和走廊）不小於20平方米；

c.裝修豪華，有豪華的軟墊床、寫字檯、衣櫥及衣架、茶几、座椅或簡易沙發、床頭櫃、床頭燈、檯燈、落地燈、全身鏡、行李架等高級配套家具。室內滿鋪高級地毯，或爲優質木地板等。採用區域照明且目的物照明度良好；

d.有衛生間，裝有高級抽水馬桶、梳妝檯（配備面盆、梳粧鏡）、浴缸並帶淋浴噴頭（有單獨淋浴間的可以不帶淋浴噴頭），配有浴帘、晾衣繩。採取有效的防滑措施。衛生間採用豪華建築材料裝修地面、牆面，色調高雅柔和，採用分區照明且目的物照明度良好。有良好的排風系統、110／220V電源插座、電話副機。配有吹風機和體重秤。24h供應冷、熱水；

e.有可直接撥通國內和國際長途的電話。電話機旁備有使用說明及市內電話簿；

f.有彩色電視機、音響設備，並有閉路電視演播系統。播放頻道不少於16個，其中有衛星電視節目或自辦節目，備有頻道指示說明和節目單。播放內容應符合中國政府規定。自辦節目至少有2個頻道，每日不少於2次播放，晚間結束播放時間不早於凌晨1時；

g.具備十分有效的防噪音及隔音措施；

h.有內窗帘及外層遮光窗帘；

i.有單人間；

j.有套房；

k.有至少5個開間的豪華套房；

l.有殘疾人客房，該房間內設備能滿足殘疾人生活起居的一

般要求；

m.有與飯店本身星級相適應的文具用品。有飯店服務指
　南、價目表、住宿規章、本市旅遊景點介紹、本市旅遊
　交通圖、與住店客人相適應的報刊；

n.客房、衛生間每天全面整理1次，每日更換床單及枕套，
　客用品和消耗品補充齊全，並應客人要求隨時進房清掃
　整理，補充客用品和消耗品；

o.提供開夜床服務，放置晚安卡、鮮花或贈品；

p.24h提供冷熱飲用水及冰塊，並免費提供茶葉或咖啡；

q.客房內設微型酒吧（包括小冰箱），提供充足飲料，並在
　適當位置放置烈性酒，備有飲酒器具和酒單；

r.客人在房間會客，可應要求提供加椅和茶水服務；

s.提供叫醒服務；

t.提供留言服務；

u.提供衣裝乾洗、濕洗、熨燙及修補服務，可在24h內交還
　客人。16h提供加急服務；

v.有送餐功能表和飲料單，24h提供中西式早餐、正餐送餐
　服務。送餐菜式品種不少於10種，飲料品種不少於8種，
　甜食品種不少於6種，有可掛置門外的送餐牌；

w.提供擦鞋服務。

6.5.9 餐廳及酒吧

a.總餐位數與客房接待能力相適應；

b.有布局合理、裝飾豪華的中餐廳。至少能提供2種風味的
　中餐。晚餐結束客人點菜時間不早於22時；

c.有布局合理、裝飾豪華、格調高雅的高級西餐廳，配有
　專門的西餐廚房；

d.有獨具特色、格調高雅、位置合理的咖啡廳（簡易西餐
　廳）。能提供自助早餐、西式正餐。咖啡廳（或有一餐廳）
　營業時間不少於18h並有明確的營業時間；

e.有適量的宴會單間或小宴會廳。能提供中西式宴會服

務；

f.有位置合理、裝飾高雅、具有特色、獨立封閉式的酒吧；

g.餐廳及酒吧的主管、領班和服務員能用流利的英語提供服務。餐廳及酒吧至少能用3種外語（英語為必備語種）提供服務。

6.5.10 廚房

a.位置合理、布局科學，保證傳菜路線短且不與其他公共區域交叉；

b.牆面滿鋪瓷磚，用防滑材料滿鋪地面，有吊頂；

c.冷菜間、麵點間獨立分隔，有足夠的冷氣設備。冷菜間內有空氣消毒設施；

d.粗加工間與操作間隔離，操作間溫度適宜，冷氣供給應比客房更為充足；

e.有足夠的冷庫；

f.洗碗間位置合理；

g.有專門放置臨時垃圾的設施並保持其封閉；

h.廚房與餐廳之間，有起隔音、隔熱和隔氣味作用的進出分開的彈簧門；

i.採取有效的消殺蚊蠅、蟑螂等蟲害措施。

6.5.11 公共區域

a.有停車場（地下停車場或停車樓）；

b.有足夠的高品質客用電梯，轎廂裝修高雅，並有服務電梯；

c.有公用電話，並配備市內電話簿；

d.有男女分設的公共衛生間；

e.有商場，出售旅行日常用品、旅遊紀念品、工藝品等商品；

f.有商務中心，代售郵票，代發信件，辦理電報、電傳、傳真、複印、國際長途電話、國內行李托運、沖洗膠卷等。提供打字等服務；

g.有醫務室；

h.提供代購交通、影劇、參觀等票務服務；

i.提供市內觀光服務；

j.有應急供電專用線和應急照明燈。

6.5.12選擇項目（共78項，至少具備35項）

6.5.12.1客房（10項）

a.客房內可通過視聽設備提供帳單等的可視性查詢服務，提供語音信箱服務；

b.衛生間有飲用水系統；

c.不少於50%的客房衛生間淋浴與浴缸分設；

d.不少於50%的客房衛生間乾濕區分開（有獨立的化粧間）；

e.所有套房分設供主人和來訪客人使用的衛生間；

f.設商務樓層，可在樓層辦理入住登記及離店手續，樓層有供客人使用的商務中心及休息場所；

g.商務樓層的客房內有收發傳真或電子郵件的設備；

h.為客人提供免費店內無線尋呼服務；

i.24h提供洗衣加急服務；

j.委託代辦服務（金鑰匙服務）。

6.5.12.2餐廳及酒吧（8項）

a.有大廳酒吧；

b.有專業性茶室；

c.有除西餐廳以外的其他外國餐廳，配有專門的廚房；

d.有餅屋；

e.有風味餐廳；

f.有至少容納200人正式宴會的大宴會廳，配有專門的宴會廚房；

g.有至少10個不同風味的餐廳（大小宴會廳除外）；

h.有24h營業的餐廳。

6.5.12.3 商務設施及服務（5項）

　　　a.提供國際互聯網服務，傳輸速率不小於64kbit／s；

　　　b.封閉的電話間（至少2個）；

　　　c.洽談室（至少容納10人）；

　　　d.提供筆譯、口譯和專職秘書服務；

　　　e.圖書館（至少有1000冊圖書）。

　6.5.12.4 會議設施（10項）

　　　a.有至少容納200人會議的專用會議廳，配有衣帽間；

　　　b.至少配有2個小會議室；

　　　c.同聲傳譯設施（至少4種語言）；

　　　d.有電話會議設施；

　　　e.有現場視音頻轉播系統；

　　　f.有供出租的電腦及電腦投影儀、普通膠片投影儀、幻燈機、錄影機、文件粉碎機；

　　　g.有專門的複印室，配備足夠的影印機設備；

　　　h.有現代化電子印刷及裝訂設備；

　　　i.有照相膠卷沖印室；

　　　j.有至少5000平方米的展覽廳。

　6.5.12.5公共及健康娛樂設施（42項）

　　　a.歌舞廳；

　　　b.卡拉OK廳或KTV房（至少4間）；

　　　c.遊戲機室；

　　　d.棋牌室；

　　　e.影劇場；

　　　f.定期歌舞表演；

　　　g.多功能廳，能提供會議、冷餐會、酒會等服務及兼作歌廳、舞廳；

　　　h.健身房；

　　　i.按摩室；

　　　j.桑拿浴；

　　　k.蒸汽浴；

l.衝浪浴；

m.日光浴室；

n.室內游泳池（水面面積至少40平方米）；

o.室外游泳池（水面面積至少100平方米）；

p.網球場；

q.保齡球室（至少4道）；

r.攀岩練習室；

s.壁球室；

t.桌球室；

u.多功能綜合健身按摩器；

v.電子模擬高爾夫球場；

w.高爾夫球練習場；

x.高爾夫球場（至少9洞）；

y.賽車場；

z.公園；

　　aa.跑馬場；

　　ab.射擊場；

　　ac.射箭場；

　　ad.實戰模擬遊藝場；

　　ae.乒乓球室；

　　af.溜冰場；

　　ag.室外滑雪場；

　　ah.自用海濱浴場；

　　ai.潛水；

　　aj.海上衝浪；

　　ak.釣魚；

　　al.美容美髮室；

　　am.精品店；

　　an.獨立的書店；

　　ao.獨立的鮮花店；

ap.嬰兒看護及兒童娛樂室。

6.5.12.6 安全設施（3項）

a.電子卡門鎖；

b.客房貴重物品保險箱；

c.自備發電系統。

7.服務品質要求

7.1 服務基本原則

7.1.1對客人一視同仁，不分種族、民族、國別、貧富、親疏，
不以貌取人。

7.1.2對客人禮貌、熱情、友好。

7.1.3對客人誠實，公平交易。

7.1.4尊重民族習俗，不損害民族尊嚴。

7.1.5遵守國家法律、法規，保護客人合法權益。

7.2服務基本要求

7.2.1儀容儀表要求

a.服務人員的儀容儀表端莊、大方、整潔。服務人員應配
戴工牌，符合上崗要求；

b.服務人員應表情自然、和藹、親切，提倡微笑服務。

7.2.2舉止姿態要求舉止文明，姿態端莊，主動服務，符合崗位
規範。

7.2.3語言要求

a.語言要文明、禮貌、簡明、清晰；

b.提倡講普通話；

c.對客人提出的問題無法解決時，應予以耐心解釋，不推
諉和應付。

7.2.4服務業務能力與技能要求服務人員應具有相應的業務知識
和技能，並能熟練運用。

7.3服務品質保證體系 具備適應本飯店運行的、有效的整套管理制
度和作業標準，有檢查、督導及處理措施。

旅館事業概論---二十一世紀兩岸發展新趨勢

作　　者／楊上輝

出 版 者／揚智文化事業股份有限公司

發 行 人／葉忠賢

總 編 輯／閻富萍

登 記 證／局版北市業字第 1117 號

地　　址／台北縣深坑鄉北深路 3 段 260 號 8 樓

電　　話／(02)8662-6826

傳　　真／(02)2664-7633

E - m a i l ／service@ycrc.com.tw

網　　址／http://www.ycrc.com.tw

印　　刷／鼎易印刷事業股份有限公司

初版一刷／2004 年 10 月

初版二刷／2010 年 11 月

定　　價／新台幣 400 元

I S B N ／957-818-657-6

國家圖書館出版品預行編目資料

旅館事業概論：二十一世紀兩岸發展新趨勢 =
Hotel business principle : 21 century developing
directions／楊上輝著. - - 初版. - -臺北市：揚
智文化，2004〔民93〕
　　面：　公分
參考書目：面
ISBN　957-818-657-6（平裝）

1.旅行業

489.2　　　　　　　　　　　93013463

筆記 ● ● ●

筆記 • • •

筆記 ● ● ●

筆記 • • •